JN039020

メディア学大系

10

メディア ICT

（改訂版）

寺澤 卓也
藤澤 公也

共著

▼

コロナ社

「メディア学大系」刊行に寄せて

　ラテン語の "メディア（中間・仲立ち）" という言葉は，16 世紀後期の社会で使われ始め，20 世紀前期には人間のコミュニケーションを助ける新聞・雑誌・ラジオ・テレビが代表する "マスメディア" を意味するようになった。また，20 世紀後期の情報通信技術の著しい発展によってメディアは社会変革の原動力に不可欠な存在までに押し上げられた。著名なメディア論者マーシャル・マクルーハンは彼の著書『メディア論—人間の拡張の諸相』（栗原・河本訳，みすず書房，1987 年）のなかで，"メディアは人間の外部環境のすべてで，人間拡張の技術であり，われわれのすみからすみまで変えてしまう。人類の歴史はメディアの交替の歴史ともいえ，メディアの作用に関する知識なしには，社会と文化の変動を理解することはできない" と示唆している。

　このように未来社会におけるメディアの発展とその重要な役割は多くの学者が指摘するところであるが，大学教育の対象としての「メディア学」の体系化は進んでいない。東京工科大学は理工系の大学であるが，その特色を活かしてメディア学の一端を学部レベルで教育・研究する学部を創設することを検討し，1999 年 4 月世に先駆けて「メディア学部」を開設した。ここでいう，メディアとは「人間の意思や感情の創出・表現・認識・知覚・理解・記憶・伝達・利用といった人間の知的コミュニケーションの基本的な機能を支援し，助長する媒体あるいは手段」と広義にとらえている。このような多様かつ進化する高度な学術対象を取り扱うためには，従来の個別学問だけで対応することは困難で，諸学問横断的なアプローチが必須と考え，学部内に専門的な科目群（コア）を設けた。その一つ目はメディアの高度な機能と未来のメディアを開拓するための工学的な領域「メディア技術コア」，二つ目は意思・感情の豊かな表現力と秘められた発想力の発掘を目指す芸術学的な領域「メディア表現コ

ア」，三つ目は新しい社会メディアシステムの開発ならびに健全で快適な社会の創造に寄与する人文社会学的な領域「メディア環境コア」である。

「文・理・芸」融合のメディア学部は創立から 13 年の間，メディア学の体系化に試行錯誤の連続であったが，その経験を通して，メディア学は 21 世紀の学術・産業・社会・生活のあらゆる面に計り知れない大きなインパクトを与え，学問分野でも重要な位置を占めることを知った。また，メディアに関する学術的な基礎を確立する見通しもつき，歴年の願いであった「メディア学大系」の教科書シリーズ全 10 巻を刊行することになった。

2016 年，メディア学の普及と進歩は目覚ましく，「メディア学大系」もさらに増強が必要になった。この度，視聴覚情報の新たな取り扱いの進歩に対応するため，さらに 5 巻を刊行することにした。

2017 年に至り，メディアの高度化に伴い，それを支える基礎学問の充実が必要になった。そこで，数学，物理，アルゴリズム，データ解析の分野において，メディア学全体の基礎となる教科書 4 巻を刊行することにした。メディア学に直結した視点で執筆し，理解しやすいように心がけている。また，発展を続けるメディア分野に対応するため，さらに「メディア学大系」を充実させることを計画している。

この「メディア学大系」の教科書シリーズは，特にメディア技術・メディア芸術・メディア環境に興味をもつ学生には基礎的な教科書になり，メディアエキスパートを志す諸氏には本格的なメディア学への橋渡しの役割を果たすと確信している。この教科書シリーズを通して「メディア学」という新しい学問の台頭を感じとっていただければ幸いである。

2020 年 1 月

東京工科大学
　メディア学部　初代学部長
　前学長

相磯秀夫

「メディア学大系」の使い方

　メディア学は，工学・社会科学・芸術などの幅広い分野を包摂する学問である。これらの分野を，情報技術を用いた人から人への情報伝達という観点で横断的に捉えることで，メディア学という学問の独自性が生まれる。「メディア学大系」では，こうしたメディア学の視座を保ちつつ，各分野の特徴に応じた分冊を提供している。

　第1巻『改訂メディア学入門』では，技術・表現・環境という言葉で表されるメディアの特徴から，メディア学の全体像を概観し，さらなる学びへの道筋を示している。

　第2巻『CGとゲームの技術』，第3巻『コンテンツクリエーション』は，ゲームやアニメ，CGなどのコンテンツの創作分野に関連した内容となっている。

　第4巻『マルチモーダルインタラクション』，第5巻『人とコンピュータの関わり』は，インタラクティブな情報伝達の仕組みを扱う分野である。

　第6巻『教育メディア』，第7巻『コミュニティメディア』は，社会におけるメディアの役割と，その活用方法について解説している。

　第8巻『ICTビジネス』，第9巻『ミュージックメディア』は，産業におけるメディア活用に着目し，経済的な視点も加えたメディア論である。

　第10巻『メディアICT（改訂版）』は，ここまでに紹介した各分野を扱う際に必要となるICT技術を整理し，情報科学とネットワークに関する基本的なリテラシーを身に付けるための内容を網羅している。

　第2期の第11巻～第15巻は，メディア学で扱う情報伝達手段の中でも，視聴覚に関わるものに重点を置き，さらに具体的な内容に踏み込んで書かれている。

　第11巻『CGによるシミュレーションと可視化』，第12巻『CG数理の基礎』

では，視覚メディアとしてのコンピュータグラフィックスについて，より詳しく学ぶことができる。

第 13 巻『音声音響インタフェース実践』は，聴覚メディアとしての音の処理技術について，応用にまで踏み込んだ内容となっている。

第 14 巻『クリエイターのための 映像表現技法』，第 15 巻『視聴覚メディア』では，視覚と聴覚とを統合的に扱いながら，効果的な情報伝達についての解説を行う。

第 3 期の第 16 巻〜第 19 巻は，メディア学を学ぶうえでの道具となる学問について，必要十分な内容をまとめている。

第 16 巻『メディアのための数学』，第 17 巻『メディアのための物理』は，文系の学生でもこれだけは知っておいて欲しいという内容を整理したものである。

第 18 巻『メディアのためのアルゴリズム』，第 19 巻『メディアのためのデータ解析』では，情報工学の基本的な内容を，メディア学での活用という観点で解説する。

各巻の構成内容は，大学における講義 2 単位に相当する学習を想定して書かれている。各章の内容を身に付けた後には，演習問題を通じて学修成果を確認し，参考文献を活用してさらに高度な内容の学習へと進んでもらいたい。

メディア学の分野は日進月歩で，毎日のように新しい技術が話題となっている。しかし，それらの技術が長年の学問的蓄積のうえに成立しているということも忘れてはいけない。「メディア学大系」では，そうした蓄積を丁寧に描きながら，最新の成果も取り込んでいくことを目指している。そのため，各分野の基礎的内容についての教育経験を持ち，なおかつ最新の技術動向についても把握している第一線の執筆者を選び，執筆をお願いした。本シリーズが，メディア学を志す人たちにとっての学びの出発点となることを期待するものである。

2022 年 1 月

柿本正憲

大淵康成

ま え が き

　ICT（information and communication technology）は情報技術と通信技術か
らなっている。情報技術とは，簡単にいえばコンピュータの技術のことであ
る。一方，通信技術とはインターネットや携帯電話の技術のことと考えるとよ
い。そして，この両者は現在ではたがいに密接に関係しているため，「情報通
信技術」としてひとまとめにして扱われている。もちろん，学問分野や技術体
系として見ればこれらの範囲はもっと広く深いが，これから ICT を学ぶ人は，
まず，このような理解でスタートするとよいだろう。
　本書のタイトルは「メディア ICT」である。筆者らの所属する東京工科大学
メディア学部では，メディアとは，一般に想起される，新聞や雑誌，テレビな
どのマスメディアだけでなく，もっと大きな枠組みでとらえている。メディア
とは「媒体」であるが，そこで伝達されるコンテンツ（情報の中身）はどのよ
うにつくるのか，それは人々の生活や社会にどのような影響を与えるのか，そ
して，それを支えるしくみはどうなっているのかを含め，広い範囲で教育と研
究が行われている。これらは，本書を含む「メディア学大系」の各巻で学ぶこ
とができる。本書はこれらの基盤となる ICT について基本的な技術を理解す
るとともに，各巻の内容をより深く理解するための参考書的な位置づけも持っ
ている。いうまでもなく，ICT は現代社会の基盤となっている。これをしっか
りと理解することはメディア学を学ぶうえで重要である。
　本書の構成は以下のようになっている。1 章はメディア学と ICT の関係につ
いてイントロダクションを与えている。2 章ではコンピュータのしくみについ
て，ハードウェア，ソフトウェアの両方の観点から解説している。コンピュー
タはどのようにして動いているのかなど，情報技術の最も基本的な事項を説明
している。3 章はコンピュータネットワークを扱っている。ローカルエリア
ネットワーク（LAN）や，それらを相互に接続したインターネットのしくみを
TCP/IP の技術を中心に一通り学習する。4 章は World Wide Web（WWW）や
電子メール，動画配信などのインターネット上のサービスの技術を理解するこ
とを目的としている。5 章は携帯電話やスマートフォン，Wi‒Fi などを中心
としたモバイル技術を解説している。また，携帯電話の社会的な意義や問題に
ついても触れている。6 章はソーシャルネットワーキングサービス（SNS）を
取り上げている。代表的な SNS を説明し，Twitter を例として情報がどのよう
に伝播するのか解説している。SNS がコミュニケーションの手段としてどの

ように使われているか，どのように使えばよいのかなど，単にしくみの話だけでなく，リテラシーとしての SNS の活用についても踏み込んでいる。7 章はインターネットで最もよく使われているサービスの一つである，検索サービスについてそのしくみと利用法を具体的に説明している。SEO（検索エンジン最適化）など，ビジネスと関連するトピックも含んでいる。8 章はプログラミングについての基本的な概念と各種のプログラミング言語について解説している。特に応用範囲の広い Java 言語については 1 節を設けている。9 章はサーバ技術として Web アプリケーション，データベース，クラウドコンピューティングとその背後で利用されている仮想化技術について説明している。10 章はセキュリティ技術について述べている。暗号技術の基本的な説明に続き，Webにおける実際的なセキュリティ技術，コンピュータウィルスなどのマルウェアに関する解説を行っている。11 章はこれまでの章で取り上げきれなかったそのほかのトピックを取り上げている。

　本書は，1～5，8，9，11 章を寺澤卓也が，6，7，10 章を藤澤公也が執筆した。メディア学を学ぶ人の教科書として基本的な事項をまとめたが，頁の都合でICT の広い分野を詳細にカバーするには至らなかった。より詳しい学習には巻末に挙げた参考書を併用してほしい。

2013 年 8 月

寺澤卓也・藤澤公也

改訂版の発行に寄せて

　『メディア ICT』初版第 1 刷の出版から 8 年が過ぎ，進歩の速い ICT の分野の教科書としては，内容が古くなってしまったことから，改訂版を発行することになった。改訂版でも本書の基本構成は変わっていないが，初版の不足を補い，情報をアップデートし，8 年の間に新たに登場したさまざまなトピックを随所に盛り込んである。5 章ではスマートフォンが主流となった現在に合わせて 5 G や Wi-Fi の最新技術の解説を盛り込んだ。6 章では最近の SNS について解説を加えた。8 章では最近のプログラミング言語やスタイル，開発環境について紹介している。9 章はクラウドやコンテナなどの最新技術を説明している。10 章はフィッシングなどの最近のセキュリティ事情についての説明を加えている。11 章では IoT，ビッグデータ，AI，ブロックチェーン，量子コンピュータなどの最新情報を追加している。

　ICT 分野では，新技術がつぎつぎと登場し知識が陳腐化しがちである。しかし，技術の基本と発展の流れを体系的に学んでおくことは，新しい技術の理解を大きく助ける。本書はそれに役立つことを意図している。

2022 年 1 月

寺澤卓也・藤澤公也

目　　　次

1章　メディア学と ICT

2章　コンピュータのしくみ

3章 コンピュータネットワーク

4章　インターネット上のサービス

7章 検索サービス

8章 プログラミング

9章　サ ー バ 技 術

10章 情報セキュリティ

11章　そのほかのトピック

1章 メディア学と ICT

◆ 本章のテーマ

　本章は ICT とメディア学の関連について，基本的なとらえ方を解説する。いまや ICT は社会生活や企業活動，学問など，さまざまな分野で非常に重要な役割を果たしている。一方，メディア学の対象としている領域も非常に広い。ここでは，そのような領域のうち，メディア処理技術，表現，ビジネス，教育などの分野を取り上げ，メディア学と ICT との関連についてイントロダクションを与える。

◆ 本章の構成（キーワード）

1.1　ICT とは
　　　情報通信技術，情報処理技術，通信技術，大容量，低コスト，デジタル化
1.2　メディアツールとしての ICT
　　　メディア処理技術，デジタルデータ，ソフトウェア，ビジネス，教育，
　　　コミュニケーション
1.3　メディアリテラシー
　　　知的財産権，フェイクニュース，フィッシング，情報リテラシー

◆ 本章を学ぶと以下の内容をマスターできます

☞　ICT の意味と意義，メディア学とのかかわり
☞　画像処理や音声処理などのメディア処理における ICT
☞　マーケティング，ビジネス，カルチャーなどでの ICT 活用
☞　教育における ICT の利用
☞　ICT 利用とリテラシー

1.1 ICT と は

ICT とは information and communication technology の略で，日本語では**情報通信技術**となる。日本で広く使われている IT という言葉に通信の要素を加えたもので，コンピュータなどによる情報処理技術と通信技術をひとまとめにして指す言葉である。過去には情報処理技術と通信技術は別個の分野として存在していたが，携帯電話やインターネットの時代になり，情報処理技術と通信技術を分けて扱うことにもはや意味はない。

情報処理技術の分野の中心はコンピュータである。現在の一般的なコンピュータの基本的な原理は確立されており，新しい CPU や新しい外部インタフェース規格などが開発されているが，全体的な PC の構成は変わっていない。これは，量子コンピュータなどの革新的な技術が実用になるまでは続くと考えられる。したがって，それまでの間，現在の技術の延長としてのハードウェアの改良や追加，並列化，高速・大容量・低消費電力化は個々に続けられていくが，コンピュータにかかわる新しい技術の研究開発はソフトウェアを中心として進んでいくと考えられる。そして，現在の社会では PC 単体で行う作業はどんどん少なくなり，ネットワークを活用したアプリケーションソフトウェアやクラウドサービスの利用が増えている。

一方，通信技術については光や電波による通信の研究開発が続けられており，これらはより高速で大容量の通信を低コストで実現することを目指している。かつては通信の役割のなかで大きな部分を占めていたのは音声通話であったが，いまや通信技術開発の目的はデータ通信となり，文書，画像，通話も含む音声付動画も対象となっている。通信はデジタル（ディジタル）化することでデジタルシステムであるコンピュータとの相性がよくなった。これからの社会を支える基盤として両者が連携してともに発展することが期待されている。

1.2　メディアツールとしての ICT

1.2.1　メディア処理技術

　メディア学の扱う分野は非常に多岐にわたっている。音声や画像，映像など
を扱うメディア処理技術は ICT の応用分野としては最もわかりやすいだろう。
この分野では対象となる画像や音は，現在では**デジタルデータ**である。した
がって，コンピュータで処理するのに非常に都合がよい。コンピュータを用い
れば，声や音を加工したり合成するのは容易である。われわれはコンピュータ
によって合成された音を日常的に耳にしているし，web ページを見てもその中
に写真が見当たらないということはない。デジタルカメラは被写体人物の認識
やピント合わせなど高度な技術を搭載し，誰が撮ってもそれなりの写真を写せ
るようになった。そして，その技術は**スマートフォン**のカメラに搭載され，い
まや，ハイエンドのカメラを除いてはデジタルカメラ専用機はほぼ姿を消して
しまった。また，音や画像はデータとしてコンピュータで処理されるだけでな
く，コミュニケーションの手段としても用いられている。音や画像などを通信
に適した形にする処理はメディア処理技術の大きな柱である。現在のスマート
フォンは単体で画像や映像の編集までもできるようになっており，メディア処
理技術の結晶といえるだろう。

1.2.2　ICT と　表　現

　アニメーションやビデオ映像，楽曲の創作などの表現の分野でもコンピュー
タは利用されている。この分野の主役は**ソフトウェア**である。メディア処理技
術の分野でももちろん，ソフトウェアは使われ，また作られている。しかし，
それらは機器に組み込まれていたり，あるいは表現の分野などで利用されるア
プリケーションソフトウェアを構成する要素となっているものが多い。アニ
メーション制作や映像編集に利用されるソフトウェアはコンピュータグラフィ
クス（CG）や画像処理の機能を内蔵している。**図 1.1** は画像処理ソフトウェア
Photoshop の処理画面である。楽曲制作のソフトウェアにも音の処理技術が数

図 1.1 Adobe の画像処理ソフトウェア Photoshop

多く投入されている。そし
てそれらの機能を駆使して
クリエイターが作品を制作
している。実写と見分けの
つかない CG 映像や実写と
CG との自然な合成などは,
画像処理のさまざまな技術
が発展して初めて可能に
なったものである。また,

GPU（graphics processing unit）の登場はこれをハードウェアの面で大きく支
援している。こうして,実際には撮影できないなど,従来は実現できなかった
ような映像であっても,非常にリアルな表現で制作することができるようになっ
た。このような作品は映画やテレビ番組,DVD,CD などの形で発表されてきた。

一方,プロ用のソフトウェアには機能やクォリティでかなわないものの,低
価格でも高度な処理が可能なソフトウェアや機器が個人的に利用可能になった
ことにより,アマチュアの作家がインターネットを利用して個人でも作品を発
信できるようになった。ここでも**圧縮技術**や**配信技術**などの ICT が活用され
ており,そのプラットフォームとしてスマートフォンが重要なツールとなって
いる。

現在では,HD（high definition,ハイビジョン）や 4 K/8 K の解像度の映像
をインターネットを介して視聴できるようにもなっている。なお,「K」とは
1 000 のことであり,画面解像度の横の画素数に由来している。4 K は 3 840×
2 160 であり,横の画素数が約 4 000 である。8 K は 7 680×4 320 である。フル
HD（1 920×1 080）は 2 K となる。

1.2.3 ゲ ー ム

コンピュータゲームも ICT の応用の主要な分野である。マイクロプロセッ
サが発明され,パーソナルコンピュータが登場した当時からソフトウェアとし

てのゲームはつくられてきた。ゲームはその後，業務用の専用のハードウェアを用いた商業施設向けのものや，家庭用の専用ゲーム機，PC やスマートフォン上のソフトウェアなど，さまざまな形態で発展してきたが，そのいずれにも最新の技術がつねに導入されてきた。**図 1.2** は SONY の家庭用ゲーム機 PlayStation5（2020 年 11 月発売）である。小型省電力化が進んだ半導体技術は携帯電話・スマートフォンだけでなく携帯型のゲーム機にも利用された。ゲームの制作場面でも先に挙げた CG 技術の応用をはじめ，さまざまな技術が用いられ，制作の工程や期間を大きく変えてきた。

図 1.2　SONY の家庭用
ゲーム機 PlayStation5

インターネットや無線 LAN などの通信技術が普及すると，ゲームもそれを利用したものが登場してきた。オンラインゲームは，いまでは大きな市場に成長し，最新の携帯ゲーム機はどれも通信機能を有している。さらに，現在ではスマートフォンと SNS の普及に伴い，**ソーシャルゲーム**と呼ばれる形態のゲームが流行している。ここでも ICT が利用されているのはいうまでもない。

1.2.4　ICT とビジネス

メディア学は前項までに説明したような分野のほかにも幅広い領域をカバーしている。例えば，教育，マーケティング，ビジネス，コミュニティ，カルチャーなどの分野である。これらの分野においても ICT は不可欠の道具となっている。**WWW**（world wide web）は情報を得る手段であるだけでなく，情報発信，コミュニケーション，広告，ショッピング，学習や公共サービスなどに広く使われている。ユーザあるいは消費者であるわれわれは，これらを **Web ブラウザ**というソフトウェアを通じて利用していることが多いが，これらの舞台裏ではさまざまな ICT が活用されている。

何千万もの顧客を抱え，一日に数百万件の注文を処理しているショッピング

サイトでは，当然，単純なコンピュータ1台ですべてを処理しているわけではない。たくさんの注文を同時に処理しながら，顧客の情報，注文内容，在庫の状況，配送の状況などをリアルタイムで更新・管理していく必要がある。このためには**データベース**が必要であり，処理を受け持つコンピュータがたくさんある。これらの能力と台数を最適にしていかなければ商品の価格を下げ，良質のサービスを維持しながら利益を上げることはできない。その実現のためにはさまざまな技術が使われている。

　Webで買い物をしていると，「この商品を買った人はほかにもこんな商品を買っています」という紹介が表示されたり，「おすすめ商品」に関するメールが送られてくることがある。これらは，ある商品を購入した人たちの，そのほかの商品の購買行動や，ある人の購入履歴のデータをもとに分析をした結果が反映されている。いまやこのような個人のデータの分析をもとにマーケティングを行うのは一般化しており，そのための統計分析や**ビッグデータ**の処理は非常に重要なものとなっている。ここでもICTが使われる。

　さらに，2010年代以降には，人工知能技術，とりわけ**機械学習，深層学習**の技術が飛躍的に発展したことにより，これらを応用したさまざまなサービスが提供されるようになった。

　また，従来の紙の書籍や雑誌，新聞と並行して，これらの電子版がインターネットを介して提供されることが一般化してきた。これらは電子出版と呼ばれ，今後，ますますその比率を高めていくと考えられている。音楽の世界では早くからこの動きがあった。楽曲の販売はCDなどのパッケージ媒体での販売から，ネットワークからのダウンロードという形態を経て，現在では**クラウドサービス**として提供されるようになってきている。これらは音楽配信と呼ばれており，これを定額でサービスする**サブスクリプション**というビジネス形態が普及している。サブスクリプションはオンラインでの雑誌購読や映像番組視聴などの分野でも定着している。広告もこれまでの紙やテレビなどの媒体に加え，Webで行われるようになり，ブログやSNS，YouTubeなども含む有償サービスの無償提供の際に組み込まれ，無償サービスは広告費で成り立つビジネス

図 1.3　デジタルサイネージの例

モデルとなっている。**デジタルサイネージ**も広く普及してきた（**図 1.3**）。

　デジタルサイネージは，液晶パネルなどを用いた表示部にコンピュータで制御された映像や画像を表示させるもので，インターネットに接続して情報のやり取りをする場合もある。**2 次元バーコード**やセンサなどを用いて，その場で画面を見ている人がインタラクティブに情報を得て消費行動を起こすことができるようにするなど，まだまだ発展途上の技術である。このように ICT はビジネスモデルを変えてきた。

1.2.5　ICT と 教 育

　教育の分野では従来の，コンピュータの使い方を教えるという範囲を越えて，コンピュータとインターネットを道具として使いこなすことが重要視されるようになっている。大学では学生がレポートの文書作成やプレゼンテーションの資料を作成するのに，オフィスワーク用の統合ソフトウェアやそのクラウド版を使っている。教員とは電子メールで連絡をとるほか，Moodle などの**LMS**（learning management system）を利用するのはあたりまえになっている。現在ではチャットツールや SNS を活用する試みも盛んである。

　2019 年末からの世界的な新型コロナウィルス感染症の流行により，多くの大学がオンライン授業の導入を余儀なくされたほか，小中学校，高等学校にお

いても一時オンライン授業が実施された。これに伴い，本来オンライン会議用に設計されていたビデオ会議システムがリアルタイムなオンライン授業に活用され，急速に普及した。また，国の政策として準備されていた GIGA スクール構想が前倒して実施され，多くの小中学校，高等学校等にインターネット環境とタブレットなどのネット端末が整備された。これにより，遅れていた学校における ICT 環境面の整備が一挙に進んだ。同様のことは企業におけるリモートワーク環境の整備と利用を促し，定着の動きがみられる。

1.2.6 コミュニケーション

コミュニケーションへの ICT の応用は古くから行われている。電話やスマートフォンが ICT で成り立っているのは自明であるが，それらを除いて考えても，インターネットが登場する以前から「パソコン通信」サービスは存在していたし，ポケットベルが使われた時代もあった。インターネットの登場後は電子メールと Web がコミュニケーション手段の主役となった。Web は情報提供の道具から，掲示板サービスやブログ，Wiki などのコミュニケーションの道具になった。そこからは **SNS**（social networking service）と呼ばれるさまざまなサービスが派生し，現在，スマートフォンの普及と相まってたいへん流行している。また，文字だけのやり取りであったチャットやメッセンジャーサービスは，音声や映像をインターネットを通じてリアルタイムに送る技術を応用してボイスチャットやビデオチャット，インターネット電話などに発展している。**YouTube** は一般の人の中にも YouTuber と呼ばれる動画配信をする人が増え，動画共有だけでなくコミュニケーションの手段としての側面が大きくなってきている。また，オンライン授業やオンライン会議，リモートワークなどに適した **Slack** などのコミュニケーションツールも普及している。さらに，人工知能技術により，音声の認識や，応答文およびその音声の合成ができるようになり，スマートフォンや PC での音声アシスト機能や，**スマートスピーカー**が登場した。異なる言語間の翻訳精度も飛躍的に向上している。

1.3　メディアリテラシー

　ICT 社会ではさまざまな新しい技術がつぎつぎに登場する。多くの場合，それらは私たちの生活を便利にするが，利用法を間違えると害となることもあることには注意が必要である。メールが普及すると迷惑メールが登場し，Web が登場すると**知的財産権**を無視した画像やコンテンツが氾濫した。動画共有サービスが始まると映像・音声の不正なアップロードが行われてきた。SNS はコミュニケーションの概念を一変させたが，同時に匿名であることにより，不適切なコンテンツの拡散や誹謗中傷が行われるようになった。一度インターネット上に現れた情報は完全に削除することは難しく被害を長期化させることもある。また金融機関等を装う**フィッシング**という詐欺行為も横行している。

　フェイクニュースや正しくない情報が拡散され，それを信じる人と信じない人の対立も起きている。SNS やニュースサイトは，利用者がどのような情報を見ているかを把握して，関連する情報が優先的に提供されるしくみになっている。したがって，自分の見たい情報，信じたい情報がインターネット上の多数派の意見，正しい情報であると錯覚してしまいがちである。大手の新聞や TV 局など伝統的なマスメディアでは規制されているが，インターネット上では誰もが情報発信できることから，信頼性や質の高い情報ばかりが提供されるわけではない。変化の速い世界では法整備が追いつかず，法ができたころには世の中が変わっている。また，法の力が及ぶのは基本的にその国に限定されるが，インターネットには国境がない。このような状況で生きていくためには，私たち一人一人が ICT の本質的な仕組みを理解し，正しく使いこなすことが求められる。

　PC やスマートフォン，**アプリ**の操作法を覚え文書を作成できたりプレゼンテーションができたりすること，インターネットでの**情報検索**や SNS アプリの利用法を修得し他者とコミュニケーションできること，インターネット上で展開されるさまざまなサービスを基本的に利用できること，そして，それらの基本的なしくみを理解すること，これらのスキルや知識（**情報リテラシー**）は

現代を生きていくために必須のものである。ただ，今後はインターネット上で扱われている情報についてより注意を払う必要がある。すなわち，この情報は誰がいつ誰に対してどのような意図で発信しているのか，その情報は正しいのか，元の情報の一部の切り抜きや改変ではないのか，分析し批判的な姿勢で吟味する必要がある。情報は信頼のおけるサイトやできるだけ**1次情報**（他の媒体である場合もある）を確認するべきである。情報を発信する際にも逆の立場で同じことに気をつけなければならない。自分が発信する情報が誰にどの程度拡散する可能性があるのか理解し，想像力を働かせる必要がある。インターネット上ではさまざまな考えの人が発信したり視聴したりしているため，このような**メディアリテラシー**を身につけることが重要である。

このように，メディア学の諸分野はすべてICTとのかかわりが深い。本書ではICTの全般について，広く解説することを試みた。本書の読者は技術系に興味のある人ばかりとは限らないであろう。そこで，説明はできるだけ平易にし，必要であれば，より専門的な技術書へ進めるだけの基礎的な知識の習得ができるようにしてある。

演 習 問 題

〔1.1〕 一つのゲームをつくることを考えよう。市場調査から企画，実際のゲーム制作の過程，広告や販売に至るまで，ICTがどのようにかかわっているか，あるいは，かかわりうるかを考えなさい。

〔1.2〕 インターネットの動画配信やオンラインの教材・テキストを用いて家庭で学習するオンデマンド学習と，従来のように学校で集団で学習することの双方のメリットとデメリットを挙げなさい。また，ビデオ会議システムを用いたオンラインリアルタイム授業は，これらに対しどのような位置づけとなるか考えなさい。

2章 コンピュータのしくみ

◆ 本章のテーマ

　この章では現在のメディア社会を支えている柱の一つであるコンピュータとそこで使われている技術について概要を学ぶ。コンピュータは人々の生活のあらゆる場面でさまざまな形で利用されている。すでに，コンピュータを使用しているという意識がなくともそれを使っているという状況になっている。

　ここではコンピュータを構成する要素をハードウェア・ソフトウェアの両面から解説している。これらの技術は次章のコンピュータネットワークと併せて，ICT の基盤となるものであり，4 章以降の ICT を利用した各種技術を理解するうえで重要なものとなる。

◆ 本章の構成（キーワード）

2.1　コンピュータにおけるハードウェア
　　　CPU，メモリ，キーボード・マウス，ディスプレイ，ハードディスク，USB，LAN
2.2　ソフトウェア
　　　プログラム，コンテンツ，2 進数，プログラミング言語，インタプリタ，
　　　コンパイル，統合開発環境，アプリケーション，ライセンス
2.3　オペレーティングシステム（OS）の役割
　　　基本ソフトウェア，プロセス管理，メモリ管理，仮想記憶，ファイルシステム，外部機器，割込み
2.4　オフィスツールソフトウェア
　　　ワードプロセッサ，表計算，プレゼンテーション
2.5　クラウドサービスの利用
　　　オンライン，マルチデバイス，共有，共同作業
2.6　サブスクリプション
　　　定額，最新版

◆ 本章を学ぶと以下の内容をマスターできます

☞　ハードウェアとは？　ソフトウェアとは？
☞　コンピュータはどのような要素（部品）で構成されているか
☞　ソフトウェアの構成，作成と実行の概要
☞　ソフトウェアが効率的に動くための補助をする OS について
☞　最も利用する機会が多いソフトウェア：オフィスツールソフトウェア

2.1　コンピュータにおけるハードウェア

ハードウェア（hardware）とは，コンピュータを構成する2大要素のうちの一方であり，通常，目に見え，実体に触れることができる。ハードウェアは，もう一方の構成要素であるソフトウェアがなければ目的を果たすことができない機械・機器といえる。コンピュータ以外にも広義のハードウェアとしては，例えば，CD や DVD などのプレイヤーを挙げることができる。これらは高度な技術を利用してつくられており，高い性能を持つものも多いが，音楽や映像が記録された CD や DVD，あるいはハードディスクなどがなければ何の役にもたたない。また，テレビをはじめとした現代の家電製品は，その内部に小型のコンピュータを内蔵しており，やはりそのソフトであるプログラムがなければ機能しない。読者にとって最も身近なハードウェアはスマートフォンであろう。従来の携帯電話にも小型のコンピュータが内蔵されていたが，スマートフォンは，まさにそのものが小型コンピュータといって差し支えない。

2.1.1　コンピュータの構成

コンピュータのハードウェアは，一般的に，その中心的な存在である **CPU**（central processing unit，中央処理装置）にメモリが接続された形となっている。これだけでも「計算」はできるが人間には使いにくい。そこで，さらに入力をするためのキーボードやマウス，出力をするためのディスプレイ，大きな情報を格納しておくためのハードディスク，そのほか，ネットワークに接続するための LAN インタフェースや外部機器を接続するための USB コネクタなどを備えている。**図 2.1** にコンピュータの基本構成を示す。

現在のコンピュータは自分が動作するための **プログラム** も含め，処理に必要なプログラムや

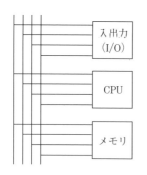

図 2.1　コンピュータの基本構成

データを**メモリ**（**主記憶**または**メインメモリ**ともいう）に置いて動くように
なっている。これを**プログラム内蔵方式**，あるいはストアドプログラム（stored
program）方式という。ハードウェアは集積回路技術の向上により，構成部品
数が減少し小型化したおかげで，安価で高性能，省電力となってきている。

2.1.2 CPU

CPU は，かつては複数の部品から構成されていたが，1970 年代頃から **LSI**
（large scale integration，大規模集積回路）により一つの部品としてつくられる
ようになった。近年ではこれにいくつかの周辺の機能を含めたものを半導体
チップ上で実現して一つの部品とし，**MPU**（micro-processing unit）あるいは
（**マイクロ**）**プロセッサ**と呼んでいる。本書では以降，これらをまとめて CPU
と表記する。

CPU は「足し算」や「メモリへ書き込む」などの**命令**をたくさん持ってい
る。これらをまとめて**命令セット**と呼ぶ。コンピュータのプログラムとは，こ
れらの命令をどのような順番で実行するかを指示するものである。CPU には
多くの種類がある。それぞれの CPU は同じような機能を有していても命令
セットが違っているのが普通である。したがって，ある CPU 用のプログラム
はそのままでは他の CPU では動かすことができない。ただし，命令セットを
引き継いで改良を重ねた新しい CPU（上位互換という）や命令セットを同じ
にして同じプログラムが使えるようにしながら，内部のしくみが異なる CPU
（互換 CPU という）では同じプログラムがそのまま動作する。やや古い PC で
も最新の PC でも同じ Windows が動作するのはこの互換性のためである。

2000 年代半ば以降の現在の最新の CPU は一つのパッケージ部品（MPU）の
中に，二つあるいは四つなど複数の CPU 機能（コアと呼ばれる）を内蔵して
いる。これを**マルチコア**（multi-core）の CPU という（**図 2.2**）。例えば 4 コ
アの CPU では，1 コアの従来型の CPU に比べ，四つのことを同時に実行でき
る分だけ，コンピュータ全体の性能を高めることができる。

CPU は，長らくその動作スピード（例えば，3 GHz など）を高めることで

図 2.2 Intel のマルチコアプロセッサ
Core i7（4 コア，2021 年現在では 8 コア）

性能向上が図られてきたが，さまざまな要因からその限界が見え始め，代わって，ある程度の性能の複数のコアを内蔵するという並列型で構成されるのが主流になってきている。スマートフォンやタブレット型の端末でもマルチコアのものが登場している。この流れは当分続くものと考えられており，メニーコア（many-core）の CPU も盛んに研究され実用化が始まっている。

2.1.3 GPU

3DCG を用いたゲームソフトや高精細な映像などに対応するため，CPU を助け，表示能力を強化する目的で進化を遂げてきた特別なプロセッサが **GPU**（graphics processing unit）である（**図 2.3**）。

図 2.3 nVidia の GPU GeForce 8600

これらは，高精細で素早い画面の変化に対応するための複雑な計算を効率よく高速に行えるように工夫されている。もとは CPU で行っていたこのような計算を，GPU で行うようになったことにより，CPU の負荷は減り，その分，他の処理を行えるようになった。また，GPU の並列演算能力が**機械学習**など

にも転用できることが明らかになり，現在は，これを高速化する目的でも利用
されている。

2.1.4 メ モ リ

GPU も画面の描画のために大量のメモリを使用する。普通，これらは CPU
が使うメモリとは分離されている（一部共用している場合もある）。いずれの
メモリも **DRAM**（dynamic RAM, random access memory）と呼ばれるタイプ
で，CPU や GPU の高速化に合わせて性能の向上が図られてきた。メモリにお
いても集積技術の進化や方式の改良などの努力により，高速大容量なものが安
価に提供されるようになった。通常，メモリには 8 ビット（1 バイト）ごとに
順番にアドレス（番地）が付けられる。CPU がメモリにアクセスする際には
このアドレスを用いる。

コ ラ ム

　メモリの容量を表すのには 8 GB（ギガバイト），ハードディスクの容量を示す
のには 1 TB（テラバイト）などの単位が用いられている。情報の最小単位は
ビット（bit）であり，8 ビットで **1 バイト**（byte）である。コンピュータや
ネットワークの世界では 2 の 10 乗倍ごとに k（キロ），M（メガ），G（ギガ），
T（テラ）などの接頭辞が付けられる。したがって，例えば，メモリが 16 GB と
いえば，16 × 8 ×（2 の 30 乗）ビットの情報を格納できるということである。

2.1.5 CPU とメモリ

CPU は通常，ある大きさのデータを最も効率よく処理できるように設計さ
れている。例えば，32 ビットや 64 ビットのような大きさである。それに合わ
せて，メモリとの間でデータをやりとりする単位も 32 ビットや 64 ビットが用
いられる。一度に 64 ビットの情報を処理し，メモリとの間でやりとりできる
CPU を「64 ビット CPU」と呼ぶ。2021 年現在，PC などで用いられる最新の
CPU のほとんどは 64 ビット CPU である。

CPUとメモリとの間でデータをやりとりするには，必要な情報のある（あるいは収める）アドレスを指定し，データを取り出す（あるいは送り込む）必要がある。この際，これらのアドレスやデータは**バス**と呼ばれる信号線の束を通して伝達される。バスは，例えば，32ビットのCPUであれば，基本的にはデータ用に32本とアドレス用に32本の信号線（この本数をバス幅と呼ぶ）として別々に用意され，32ビットの情報を一度に送れるようになっている。

ここで気をつけたいのはアドレスバスの幅である。この例の場合，バス幅が32であるから指定できるアドレス数は2の32乗個であり（これをアドレス空間という），1アドレスに1バイトが格納できるから，これは4GBということになる。したがって，通常これが32ビットCPUの使用可能な最大メモリ量である。64ビットCPUでは同様の計算により16EB（エクサバイト）のアドレス空間を持つことになる。これは4GBの4G倍である。現在のところ，一般的にはこのような大量のメモリは必要とされていないしPCに搭載もできないので，使用可能なアドレス空間はCPUの側でもっと小さな範囲に限定されている。

2.1.6　キャッシュメモリ

CPUは非常に高速に動作する。CPUとDRAMは同じ半導体とはいってもつくりが違うため，CPUに比べればDRAMで構成される主記憶の動作速度は遅い。したがって，これらを直接接続してもCPUの側が待たされるばかりとなり，本来の性能を発揮できない。メモリにもCPUなどに近い原理で動作する高速なものがあるが，高価でありDRAMのメモリほど大容量な主記憶を構成できない。そこで，この高速なメモリを少量だけ，CPUと主記憶の間に配置し，主記憶の一部のデータをそれにコピーしておくことで，CPUからそのデータに高速にアクセスできるようにしている。これを**キャッシュメモリ**（cache memory），あるいは単にキャッシュという。通常，キャッシュメモリはCPUのチップ（MPU）内に内蔵されている。**図2.4**に

図2.4　メモリの階層

キャッシュメモリを含めたメモリの階層を示す。例えば，あることを調べる場合，本棚まで移動して関係する本を数冊取り出し，机に持ってくると毎回本棚に取りに行くのに比べて格段に早く調べられる。このとき，本棚が主記憶，机がキャッシュメモリ，本がデータに相当する。

　少量のキャッシュメモリでも効果的に機能するのは，プログラムには**局所性**と呼ばれる性質があるからである。これには二つの意味があり，あるアドレスにアクセスがあった場合に，一つは，そのすぐ近くのアドレスにもアクセスがあることが多い（空間的局所性）という性質であり，もう一つは，しばらくの間はその近くのアドレスにアクセスされることが多い（時間的局所性）という性質である。このため，キャッシュとメモリとの間は決まった大きさのブロック単位でデータのコピーを行う。キャッシュに目的のデータがあることをキャッシュに**ヒットする**という。ヒットしない場合は，メインメモリからキャッシュに，該当するデータを含むブロックをコピーしなければならない。このとき，キャッシュ内に空き場所をつくるため，例えば，その時点で最も使われていないブロックを代わりに追い出す。これを**リプレイス**（replace）という。性能を上げるためには，できるだけヒット率を高め，時間がかかるメモリとの間のリプレイスを少なくする必要がある。そのため，近年の MPU では，大きさの異なる 2 階層や 3 階層のキャッシュメモリが内蔵されているものが多い。

　データには CPU から見て読むだけのものと書き換えるものがある。読むだけのものはコピーをしても問題が少ないが，書き換えはキャッシュメモリに対して行われるので，その後ろに控えている主記憶内のオリジナルのデータは書き換えられない。そこで，キャッシュメモリに書き込むと同時にメモリのほうにも書き込んだり（ライトスルー方式），リプレイスでブロックが追い出される際に，変更点が生じていればメモリに書き戻す（ライトバック方式）などの処置が行われる。

2.1.7　ハードディスクと SSD

　ハードディスク（hard disk drive, HDD）とは金属などの硬い円盤（ディス

ク）に磁性体を塗布したものを数枚内蔵した機器である。この円盤を内部で高速に回転させ，ヘッドと呼ばれる装置で円盤上の磁性体に情報を記録したり，読み出したりする。円盤への記録密度が向上したおかげで，2021年現在では一つのハードディスクで10 TBなどの容量を持つものが容易に入手できる。ハードディスクのおもな用途はファイルの格納である。ファイルとは情報を意味のある，ひとまとめとしたもので，例えば，一つのレポートや1通のメール，一つの写真データなどが該当する。ハードディスクにはこれらを大量に保持できる。現在のコンピュータでは自身が動作するためのソフトウェアやさまざまなソフトウェアもハードディスクに格納して使用する。これらはメモリには入り切らないため，ハードディスクは必要である。ハードディスクのようなメモリ以外の記憶装置を**外部記憶装置**と呼ぶ（**図 2.5**）。

図 2.5 外部記憶装置（左から USB メモリ，2.5 インチ SSD，3.5 インチ HDD）

ハードディスクは情報の保管場所という意味でメモリと機能が似ているが，そのアクセス速度には大きな差があり，いくら高速になったといってもメモリのスピードには到底かなわない。一方，容量のほうはハードディスクのほうがずっと大きい。先ほどの机と本棚の例でいえば，ハードディスクは図書館に相当する。また，主記憶に使われるメモリは電源が切られるとその内容は失われるが，ハードディスクでは記録されたままとなり，明示的に消去しなければ失われることはない。

2000年代半ば頃からは両者の特徴を持つ**SSD**（solid state drive）という機

器が PC に搭載されるようになった。これは内部をメモリで構成し，外形や使い方をハードディスクと同様にしたもので，急速に大容量化と普及が進んでおり，ノート型の PC のほかデスクトップ PC でも使われている。SSD は一般的にハードディスクより高速であり，円盤を回転させたりヘッドを移動させるなどの機械部分がないため，故障にも強いとされている。なお，現在主流の SSD では内部には，**フラッシュメモリ**（flash memory，いわゆる USB メモリと同様の種類のメモリ）が使われており，電源が切られても内容は失われないが，主記憶ほどは速くない。

　また，フラッシュメモリの物理的特性から書き込みや消去を繰り返すと劣化が進むため，コントローラにより使用領域の平準化が行われている。このことから SSD と HDD では適している用途が異なっており，共存関係にある。

2.1.8　USB

USB（universal serial bus）は PC に外部機器をつなぐための規格の一つである。登場以来，高速化が図られ，キーボードやマウス，プリンタやデジタルカメラ，スマートフォンとの接続など，さまざまな用途に使用されている。USB 規格のコネクタに接続する形で利用するフラッシュメモリを単に「USB」と呼んでいる場合があるが，本来的な意味では間違いである。USB は規格のバージョンアップを重ねて高速化してきた。2021 年現在は USB 3.2 が普及しつつある。また，手軽に利用できるため，デジタルカメラなどの機器との接続にもよく利用され，コネクタの形状や大きさにもさまざまなものがある。近年では USB‐C と呼ばれる接続規格が急速に普及している。

2.1.9　LAN インタフェース

LAN（local area network）は室内，ビル内，キャンパス内などの比較的小規模なコンピュータネットワークのことを指す。**インターネット**はこのような小規模なネットワークどうしを接続したものであり，基本的な通信のしくみは同じである。したがって，LAN を介してインターネットに接続するというのが

PC にとって最も一般的なインターネットの利用法となる。有線接続の場合，通常，RJ‒45 という規格のコネクタが利用され「LAN ケーブル」を利用して通信機器に接続する。ハードウェアとしては **Ethernet（イーサネット）**と呼ばれる通信規格とその上位規格（高速版）に準拠している。LAN については 3 章で述べる。

2.1.10　**Wi‒Fi（無線接続）**

近年ではネットワーク接続に無線を使用する例が増えている。これは無線 LAN とも呼ばれている。ノート型 PC やタブレット型端末，スマートフォンなど，持ち歩き，あらゆる場所で使用することが可能な機器が増えたことにより，それらのインターネットへの接続手段として急速に普及している。ノート PC では LAN ケーブルによる有線接続の代わりに無線接続のみのものが増えている。

無線 LAN で主流となっているのは電波を用いた IEEE 802.11 という規格のバリエーションで，802.11 n や 802.11 ac などの種類がある。**Wi‒Fi**（wireless fidelity，**ワイファイ**と読む）は同一規格の無線機器の相互接続性を認証する機関が用いている，一種のブランド名であるが，現在では，無線 LAN という言葉と同義に使われていることが多い。

なお，ノート PC などの機器が接続する相手機器を**アクセスポイント**（access point，AP）と呼ぶが（**図 2.6**），それが設置されている場所は「Wi‒Fi スポット」などと呼ばれることが多い。Wi‒Fi スポットはスマートフォンやタブレット型端末の普及もあって，街中のカフェや公共の施設，空港，駅などに急速に広まっている。無線接続のスピードは，かつては有線接続に比べてずっと遅かったが，現在では技術の進歩により遜色のないほど高速になってきている。無線通信については 5 章で詳しく述べる。

図 2.6　無線 LAN アクセスポイント

2.2 ソフトウェア

ソフトウェア（software）はハードウェアを動かすプログラムや，機器で再生される CD，DVD などに格納されたコンテンツのことを指す。例えば，音楽であれば「音楽ソフト（ウェア）」などと呼ぶ。現在は，これらはほとんどすべて**デジタルデータ**である。ハードウェアは実体物であり，その構成を変更するのが難しいのに対して，ソフトウェアは一般利用者の立場からは実体が目には見えにくいものの，作者や提供者の立場ではその内容を変更したり改良したりすることが比較的容易である（目に見えているのはソフトウェアが収められた DVD などの**媒体**（**メディア**）やコンピュータ上のファイル，アイコンなどである）。そして，利用者の立場でもソフトウェアを入れ替えるのはさほど難しくない場合が多い。

コンピュータやスマートフォンのソフトウェアを考えるとわかりやすい。コンピュータは同じハードウェアを使い続けながら，新しい Windows にバージョンアップしたり，ソフトウェアを削除・交換・追加したりすることができる。これにより，ハードウェアに依存しない部分については最新の機能を利用することができる。また，スマートフォンではスマートフォン自体を機能させるソフトウェアが定期的に更新され，端末自体を交換しなくとも性能が向上したり，機能が変更・追加されたりする。また，かつてはハードウェアで提供されていた機能をソフトウェアで実現することによって柔軟に変更可能なシステムとすることも行われている。これはハードウェアの性能が向上したことにより実現できるようになった。

以降，この節では，おもにコンピュータのソフトウェアについて解説する。コンピュータのソフトウェアの実体はコンピュータプログラムである。

2.2.1 CPU が理解する「言葉」

先に，2.1.2 項で CPU はそれぞれ独自の命令セットを持っていることを説明した。この命令は CPU にとっては決まったビット数のデータのパターンで

しかない。以下に例を挙げて説明する。命令は人間にわかる形で書くと，例えば，以下のようになる。

add ax, bx

これは「ax の内容を bx に足して結果を bx に入れる」という命令の一例である。ax や bx は計算の途中で使う「入れもの」（**レジスタ**という）につけた名前である。これをこのままでは CPU に理解させることはできない。なぜならば，CPU はデジタル回路でつくられており，入力や出力はすべて各信号線の電圧が高いか低いかのいずれかで表されている。人間が理解する際にはこれを 1（電圧が高い）か 0（低い）かの 2 進数で表す。例えば，上述の命令に相当する 2 進数のパターンは，ある CPU では

1101100101001100

となっているかもしれない。これ（を電圧の高低で表現したもの）が CPU が実際に理解する命令である。命令の種類やレジスタが違う場合には異なるパターンの 2 進数となる。メモリやハードディスクの中に収められているプログラムはこのような 2 進数で表現された命令の集合である。

命令に応じて異なる 2 進数のパターンを CPU は正確に区別して解釈するが，命令の数が多いため，普通，人間にはそれはできない。そこで，最初の例のように英単語やアルファベットなどを用いた人間がわかる「言語」の世界と，後の例のように CPU が理解する 2 進数の「言語」の世界を 1 対 1 で「翻訳」することが行われる。前者は**アセンブリ言語**と呼ばれ，後者は**機械語**と呼ばれる。

2.2.2 プログラムの作成と実行

プログラムとは CPU に与える命令の集合であるが，どのような命令をどのような順番で実行させるかによって意味を持たせることになる。最も原始的なプログラム作成（**プログラミング**ともいう）の方法はアセンブリ言語によって人間がわかる形のプログラムを作成し，それを 1 対 1 で機械語に変換すること

である。この変換は CPU の仕様書を見ながら人間が行うこともできるが，通常，専用のプログラム（ソフトウェア）を利用する。この変換プログラムを**アセンブラ**と呼ぶ。アセンブリ言語によるプログラミングは原理的には CPU の機能を最大限に利用した高性能のプログラムをつくることができるが，現代の CPU でそれを行うのは現実的ではなく，また，深い専門知識を必要とするため，通常は行われない。

　代わって人間が行う作業は，Java 言語のような**高級言語**と呼ばれる種類のプログラム作成用の言語（**プログラミング言語**）を用いて行われる。通常，「プログラミング」といえば，高級言語を用いた作成作業のことを指す。高級言語はアセンブリ言語に比べて，より人間にとってわかりやすいものとなっている。多くは特定の英単語と，記号を特別な意味に使いながら記述する。プログラミング言語については 8 章で詳しく説明する。

　このようにしてつくられたプログラムは**ソースプログラム**（あるいは**ソースコード**）と呼ばれ，人間にとって理解しやすいものだが，機械語ではないので CPU がそのまま実行することはできない。そこで，変換プログラムが用いられる。変換には 2 種類の方式があり，一つは**インタプリタ方式**，もう一つは**コンパイル方式**と呼ばれる（**図 2.7**）。インタプリタ方式は，プログラムを実行する際に**インタプリタ**と呼ばれるプログラムにより，ソースプログラムを逐次的に解釈しては変換して実行する方式である。これに対して，コンパイル方式では**コンパイラ**と呼ばれるプログラムにより，実行時より前にプログラムを一括変換する。実際にはコンパイラが直接機械語に変換することは少なく，多く

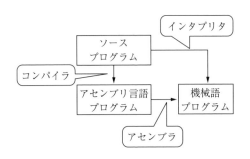

図 2.7　ソースプログラムから
　　　　機械語への変換

はその CPU 用のアセンブリ言語に変換するのみである。その後，それがアセンブラにより機械語に再度変換されることで CPU で実行可能になる。

プログラムの作成では，以上のような変換プログラムのほかに，プログラムを記述するためのソフトウェアも使用する。これらは**エディタ**と呼ばれる簡易な文字入力・編集ソフトウェアであったり，あるいはエディタの機能を内蔵し，コンパイラによる処理なども自動化することができる**統合開発環境**（integrated development environment, **IDE**）である。**図 2.8** に統合開発環境の一例としてオープンソースの開発環境である Visual Studio Code を示す。

図 2.8 統合開発環境の例（Visual Studio Code）

また，作成したプログラムがすぐに想定した通りに動くことは少なく，たいてい，プログラム上の誤り（**バグ**）が含まれている。これは，コンパイラに指摘されて変換が中断されてしまうようなレベルのものもあれば，実際に CPU で動かすことはできても期待通りの動作をしないというものもある。特に後者のような場合に，プログラムを修正するために使われるのが**デバッガ**というソフトウェアである。IDE では普通，デバッガも利用できるようになっている。

このように，プログラム作成では専用のソフトウェアを利用しながら作業を進める。そして，人間がつくったソースプログラム，変換を重ねて最後に出力される機械語のプログラム（**実行可能プログラム**ともいう）ともに，ハードディスク上のファイルとして保存される。

では，このプログラムはどうすれば実行することができるのだろうか。CPU
はメモリに置かれているプログラムを実行できるだけであり，直接ハードディ
スクの読み書きは行わない。したがって，実行するためには，まず，ハード
ディスクにある実行可能プログラムをメモリに送り込むことが必要になる。こ
の役割をするのが**ローダ**と呼ばれるプログラムである。通常，画面のアイコン
をマウスでダブルクリックしたりするとそのソフト（プログラム）を動かすこ
とができるが，その裏ではこのローダが働いている。

2.2.3 アプリケーションソフトウェア

通常，コンピュータでソフトと呼ばれているものは**アプリケーションソフト
ウェア**（application software）と呼ばれる種類のものである。これを単にソフ
トウェア，ソフト，アプリケーション，あるいは近年では「アプリ」と呼ぶこ
とがある。アプリケーションとは「応用」の意味であり，コンピュータ自体を
動作させるソフトウェアを**基本ソフトウェア**と呼ぶのに対して，コンピュータ
でワープロやメールの読み書きなど目的のことを実行するためのソフトウェア
をアプリケーション（応用）ソフトウェアと呼ぶ。

アプリケーションソフトウェアはさまざまな形で入手できる。販売店では
CD や DVD などの媒体に収められたものを購入することができる。これには
ソフトメーカーのプログラマが作成し，実行可能プログラムに変換済みのもの
が収められている。通常，販売されているソフトウェアではソースプログラム
が付属することはない。また，インターネット上で購入代金の決裁を行いデジ
タルデータとしてソフトを入手する，**ダウンロード販売**という形式もある。こ
れらは，購入方法によらず**知的財産権**でしっかり保護されており，使用するに
は添付されている**使用許諾書**（利用ライセンス）の条項を守る必要がある。使
用許諾書はダウンロードする際に Web ページに表示され，同意を求められる
場合もある。購入したから自分のものだとして，コピーをして友人に配布した
り，改造を試みたりするのは，多くの場合，ライセンスに違反する行為であ
り，行ってはいけない。

一方，**フリー**（無料あるいは自由）**ソフトウェア**と呼ばれるアプリケーションも数多くある。その名前の通り，無料で使用できるソフトウェアで，プロ，アマチュアを問わず，多くのプログラマが自分の作成したソフトウェアを無料で公開している。ソースプログラムも公開している場合もある。無料だからといってどのように使ってもよいわけではなく，多くのソフトウェアには有料のソフトウェアと同様に使用許諾書が添付されているし，知的財産権を放棄していないものも多い。これらはその条件に従って利用する必要がある。また，多くの場合，そのソフトの不具合が原因で生じた損害に対して作者が責任を追わないという，免責の条項が明記されている。非常に便利で市販品に引けをとらないフリーソフトウェアもたくさんある。

2.2.4　オープンソース

ソースコードを公開しているフリーソフトウェアのなかには，自由に改変することを認めていたり，複数の人が（多くの場合，ボランティアで）共同で開発や改良にあたっているものがある。これを**オープンソース**のソフトウェアと呼ぶ。ソースコードを公開すると，プログラムのしくみがよくわかるため，その欠点もあらわになる。オープンソースのソフトウェアは安全ではないという人もいるが，むしろ，欠点を見つけるとプログラマどうしが共同してその欠点を解消するように改良されることが多いので，安全度はそれほど低くない。コンピュータを動作させるための基本ソフトウェア自体もさまざまなオープンソースプロジェクトとして開発されているし，市販のアプリケーションソフトウェアと同等の機能を持つものや，ファイル形式に互換性を持たせたものなどがある。このように，多くの優秀で有用なソフトウェアがオープンソースで開発されており，世界中の多くの利用者がその恩恵にあずかっている。この舞台裏では，ソフトウェアの**バージョン管理**を行う **Git** や共同作業を行いやすくするための **GitHub** などのシステムが利用されている。

2.3　オペレーティングシステム（OS）の役割

コンピュータを役に立つものとして動作させるには**基本ソフトウェア**あるいは**オペレーティングシステム**（operating system, **OS**）と呼ばれるものが必要になる。よく知られた OS としては Windows や macOS がある（2.3.7項参照）ここでは，Web ブラウザを動かすことを例に考えてみよう。

まず，Web ブラウザの実行可能プログラムはハードディスクにすでにあるものとすると，ハードディスクのどこにあるのか見つけなければならない，また，そもそも，ハードディスクをどのようにして使うのかも決めておかなければならない。

Web ブラウザが見つかったら，2.2.2項で説明したローダというソフトウェアを使って，これをメモリに転送しなければならない。この作業をロードという。このとき，メモリのどのあたりに転送すればいいだろうか。メモリの使い方もあらかじめ決めておかねばならない。また，メモリが小さく，入り切らなかったらどうすればよいだろうか。これらを解決しハードディスクを制御するコントローラとメモリを制御するコントローラに指令を送って，データを転送させる。メモリに転送することができたら，CPU に対して，メモリのどこにプログラム（ソフト）の命令が置かれているから，どこ（アドレス）から実行を始めなさいという指示をしなければならない。これが済んで初めて CPU での実行が始まる。すなわち，Web ブラウザが動き出す。

Web ブラウザを使うには，画面にさまざまな表示をしなければならないし，キーボードやマウスからの入力や操作を Web ブラウザに伝えなければならない。新しくデータをダウンロードしたら，それをファイルとしてハードディスクに格納する必要もあるだろう。最後に，ユーザが Web ブラウザの終了操作をしたら，使っていたメモリを解放して，他のことに使えるようにしなければならない。

以上，簡単に見てきたが，OS がやらなければならないことは非常にたくさんあることがわかったかと思う。**表2.1** に OS の役割の概要を一覧で示す。

表 2.1　オペレーティングシステム（OS）の役割

機　能	概　要
プロセス管理	プロセスの生成・実行・一時停止・終了・消滅などの状態管理とスケジューリング
メモリ管理	プロセスへのメモリの割当て，仮想記憶管理
入　出　力	キーボードやマウス，ディスプレイ，ネットワーク，ハードディスクなどへのデータの入出力の管理
ファイル管理	ファイルシステムに基づく，ファイルの生成，移動，削除などの管理

このように OS はコンピュータのハードウェアを制御しているが，それ自身もプログラムであるからコンピュータ上で動作している。このため，CPU には OS が動作するための「モード」が用意されており，メモリも特別に確保されている。

2.3.1　プログラムの実行

プログラム実行の概略は上述したとおりだが，現在のコンピュータでは，実際には一度に一つのプログラムだけが動いているわけではなく，時計ソフトも動いていれば，Web ブラウザも同時に使っているかもしれない。このように，複数のプログラム（ソフト）が動いているのが一般的である。しかし，CPU は一つである。マルチコア構成でコアが複数あったとしても，その数を超えた数のプログラムを同時に動かすにはどうすればよいのだろうか。

メモリ上にロードされ，動いている（動ける）状態になっているプログラムを**プロセス**あるいは**タスク**と呼ぶ。したがって，さきほどの話は複数のプロセスをどうやって動かすのかということになる。ユーザはどのプログラム（プロセス）も同時に動いていることを期待している。しかし，ごく短い時間だけプログラムが止まっていたとしても人間は気づかない。これを利用して，数ミリ秒（ミリ秒は 1 000 分の 1 秒）ごとに実行するプロセスを切替え，プロセスに対して順番に CPU を割り当てていけば，どのプロセスも少しずつ実行が進むことになり，人間にはそれが同時に動いているように見える。つまり，これは見せかけの「同時」であり，実際に同時に動作しているのではない。これを**並**

行動作と呼ぶ。ただし，例えば4コアのCPUでは4プロセスまでは実際に同時に動いている。これは**並列動作**と呼ぶ。

　プロセスは動いていたり止められていたりするため，「状態」を持っており，「生成」，「実行中」，「実行可能」，「停止中」，「消滅」などの状態を行き来している。このようにプロセスを制御をする機能を**プロセス管理**という。また，複数のプロセスを並行または並列に動作させる機能は**マルチタスク機能**とも呼ばれる。

2.3.2　メ モ リ 管 理

　プログラムをメモリにロードしてくる際，メモリを使い切ってしまうことはないのだろうか。また，プログラムは，自身が動作する際にデータを一時的に格納するためにメモリを使う。そのような場所は誰がどうやって用意するのだろうか。これらを行っているのもOSである。OSは実際にメモリがどのくらいあるのかを把握しており，その使い方も決めている。

　PCで利用するソフトを作成するプログラマは，あらかじめメモリを大量に使うことが想定される場合を除いて，メモリの大きさのことをさほど気にせずにプログラムをつくる。したがって，プログラム自身が大きかったり，処理に使うメモリの量が多かったりして，メモリが不足することがある。さらに，複数のプロセスが動作すると，その分だけメモリも必要になるため，事態はより深刻になる。そこで，メモリが不足する場合OSはつぎのようなことを行う。

・プログラム全体ではなく，当面実行される部分だけをメモリに残す。

・データの置き場所についても当面使われそうな部分だけを残す。

・停止されたプロセスが使っているメモリは，他のプロセスに明けわたす。

「残す」ということは，「メモリに残らない部分」もあることになる。それはどうなるのか，あるいは停止中のプロセスのデータはどうなってしまうのかというと，これらはハードディスクに一時的にコピーされる。そして，必要になった際に，再びそこからメモリにロードされる。このとき，決まった大きさのメモリ領域をブロックとして扱い，その単位でコピーが行われる。

　なお，プログラムがどこまで進んだのかなどの情報も保存する必要があるた

め，これらは OS が持っているメモリ領域に保管される。このように，メモリとハードディスクとの間で，プロセスが使用するデータなどを退避したり復元したりする作業を**スワップ**（swap）と呼ぶ（**図 2.9**）。したがって，メモリが少なく，たくさんのプロセスを実行する場合には，このスワップが頻繁に生じる。ハードディスクのアクセス速度はメモリに比べてずっと遅いから，これはCPU やメモリにとっては時間のかかる作業である。したがって，人間から見ても動作が遅い，いわゆる「重い」状態になる。なお，スワップ用のハードディスクは通常のファイルを格納する場所とは分けた領域を利用したり，あるいは，特別なファイルとして実現されている。

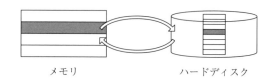

メモリ　　　　　　　　ハードディスク　　　**図 2.9** スワップ

2.3.3 仮 想 記 憶

プログラムやそこで用いられるデータはメモリに置かれるので，メモリ中のどこに置かれるのかがわからなければアクセスできない。この位置は，2.3.2項で述べた理由で，どこになるかあらかじめ決めておくことはできないので，通常，プログラムがメモリにロードされるときに決定されるようなしくみになっている。しかし，プログラムは，他のプログラムが同時に実行されることを意識して書かれてはいないし（普通，不可能である），メモリは自分だけが独占的に使えると仮定して書かれている。したがって，あるプログラムがメモリ中の 100 番地を使うようにつくられているとき，同時に動く他のプログラムも 100 番地を使うかもしれない。これではどちらのプログラムも正常に動作しない。そこで，各プロセスにはそれぞれ独占的にメモリを使えると思わせたまま，実際には**アドレス変換**によって実際のメモリでは別の番地にアクセスするようにすることが行われる（**図 2.10**）。

これにより，先の例でいえば，二つのプロセスはともに 100 番地にアクセス

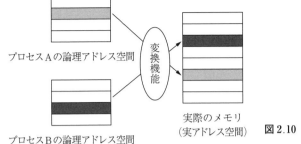

図 2.10　アドレス変換

しているつもりでも，実際には，それぞれ，1 000 番地，5 000 番地などのように まったく別の場所にアクセスすることになり，メモリの利用やアクセスが衝突することがなくなる。このとき，各プロセスがアクセスしていると思っているメモリの範囲を**仮想アドレス空間**あるいは**論理アドレス空間**と呼ぶ。これに対して，実際にアクセスされる実際のメモリアドレス範囲は**実アドレス空間**または**物理アドレス空間**と呼ばれる。アドレス変換は CPU によってハードウェアで実現されているものもあれば，内部的にソフトウェアで実行されるものもある。アドレス変換によって，プロセスが仮想アドレス空間で動作することを実現するしくみ全体を**仮想記憶システム**と呼ぶ。

2.3.4　ファイルシステム

　ハードディスクは広大な記憶領域だが，使い方を考慮しなければ，利用効率が悪く，読み書きのアクセスも遅くなってしまう。一般にハードディスクは**セクタ**と呼ばれる 500 バイト程度の大きさの領域に区分されて使われる。1 セクタに収まるデータはそれでよいが，収まらない場合には複数のセクタを利用することになる。しかし，複数のファイルをハードディスクに置いたり，削除したり，変更してサイズが変わったりということが繰り返されると，必ずしも，実際のディスク上で隣り合った領域のセクタを連続して使えるとは限らない。空いたところを使うようにしなければ，すぐに容量不足になってしまう。

　そこで，はじめにディスクをセクタに区切る作業（**フォーマット**という）を

する際に，セクタに連続番号をつける。そして，複数のセクタを利用するファイルでは，セクタの一番最後に，つぎは何番のセクタに続きのデータがあるかを書いておくようにする。こうすることで，最後のセクタまで順にたどり，すべてのデータにアクセスすることができる。このようなつながりをリンクと呼ぶ。最後のセクタでは，もうこれ以上続きがないことを示すマークを書いておく。このようなしくみをとれば，必ずしも物理的に連続した隣り合った領域が使えなくともファイルを格納できるし，空いているセクタが飛び飛びの場所にあっても，それらをむだなく使うことができる。図 2.11 にこの様子を示す。

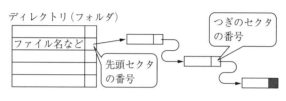

図 2.11　セクタのリンク

　あとは，このようなセクタのチェーンの先頭がどこなのかさえわかればよい。そこで，各ファイルのファイル名と先頭セクタの番号などの情報を収めた特別なセクタを用意する。これを**ディレクトリ**または**フォルダ**などと呼ぶ。このようにすると，あるフォルダの管理下にあるファイルは「フォルダの中にある」と考えることができ，包含関係が生じる。そして，フォルダの中に他のフォルダのフォルダ名とその先頭セクタ番号が収められていれば，それはフォルダの中にさらにフォルダがあるという関係とみることができる。このように，多くの場合，この方式での管理では全体の構造が階層構造になる。これを**ファイルシステム**と呼ぶ。なお，階層の根本になるフォルダのセクタだけは，例えば，ハードディスクの先頭から何番目にあるなどの形で決められている。これが見つけられなければ，どのファイルにもアクセスできないからである。

　図 2.11 はわかりやすさのため模式的に示したものであり，性能を考慮しながらこの構造をどのように工夫して実現しているかにより，種々のファイルシステムがある。また，実際には複数のセクタをひとまとめにして**クラスタ**ある

いは 4 KB（Windows の NTFS の場合）程度の**ブロック**という単位で扱うことが多い。

このようなしくみのため，ファイルを「削除」しても，通常は，フォルダの中で管理しているそのファイルの情報が削除され，先頭セクタへのリンクが切られるだけで，ファイルの本体はその時点では残っている（もちろん，書き潰して使ってよいことを示す目印が付けられる）。削除したファイルがある程度復旧できるのはこのためである。したがって，ハードディスクを廃棄する際には，単にすべてを削除するだけでは不十分で，0 や 1，あるいはランダムな値を全セクタに書き込む（書き潰す）ようなことをしなければ，中にあるデータが取り出されてしまう恐れがある。フォーマットのソフトはこの作業を普通，行わない（簡易フォーマット）のでフォーマットしただけでは安心はできない。

ハードディスクは機械部品であり，ヘッドと呼ばれる機器で磁気により情報を読み書きしている。ヘッドは回転しているディスクの外側から内側まで移動しながらアクセスできる。しかし，飛び飛びの位置にあるセクタに順にアクセスするよりも，隣り合った場所にあるセクタにアクセスするほうが，ヘッド自体を動かす制御（位置合わせ）が簡単でかかる時間も短い。そこで，セクタの入れ替えを行って，できるだけ隣り合ったり距離的に近い位置にそのファイルのセクタを集めると，ファイルへのアクセスが速くなる。この操作はWindows ではデフラグと呼ばれる。飛び飛びの状態になっているのを**フラグメンテーション**（fragmentation）が起きているといい，それを解消するので否定を表す「de」を先頭につけて defragmentation となった単語の先頭部分だけを取り出した呼称である。

なお，メモリでもフラグメンテーションは起きるし，飛び飛びの実メモリ領域をつないで一つの領域に見せかけることもアドレス変換により行われる。メモリの場合もフラグメンテーションを解消したほうが効率はよいため，必要に応じてデフラグ（メモリの場合はコンパクション（compaction）ともいう）が実行される。ファイルシステムにもいくつかの種類があり，データを暗号化す

る機能や，ハードディスクが破損した場合にダメージが少なくなるような工夫などが盛り込まれているものもある。

2.3.5　外部機器の管理と割込み

　キー入力が必要なプロセスが複数動いているとき，それぞれのプロセスが，勝手にキーボードを監視して入力されたデータを受け取ろうとすると，誤動作になってしまう。そこで，このような外部機器はOSが管理し，入力されたデータが適切なプロセスに渡されるように制御している。入力だけでなく，画面への出力などでも話は同じである。

　例えば，電卓プログラムで考えてみる。電卓は計算するデータと計算の仕方を指定してはじめて機能するため，キーボードなどでこれらを入力する必要がある。逆にいうと，プログラムの側は入力があるまでやることがなく，ひたすら入力を待つことになる。これはワープロなどでも事情は同じである。しかし，このような待ち状態のプロセスを「実行中」のままにしておくのはCPUのむだ使いとなり効率が悪い。そこで，このプロセスを「停止」状態にしておき，キー入力があったら，「実行中」に戻して，入力があったことと入力データを知らせればよい。このとき利用されるのが**割込み**という機能である。これはハードウェアと密接に関係している。

　あなたが勉強しているとき，あるいはオフィスで仕事をしているとき，友達や同僚から，電話で勉強や仕事に関する連絡があることになっているとしよう。あなたは，いつかかってくるかわからない電話を待ち，何もせずに電話を見つめ続けるだろうか。普通はそんなことはせず，他にすべき作業をするだろう。そして，電話がかかってきたら，やることをその用件のことに切り替えるだろう。このときの電話が割込みである。会社などのように多くの人が仕事をしているところでは，電話がかかってきた際に，たいていは誰かがそれを取り，目的の人に取り次ぐ。この取り次ぎの役割をするのがOSの割込み管理機能である。

2.3.6　ネットワークの扱い

コンピュータネットワークは，後からコンピュータのシステムに追加された
ものであり，そのとき，OSが管理することになったものである。コンピュー
タネットワークの目的は通信，すなわち情報のやり取りであり，そのような意
味ではキーボードから入力を受け付けたり，画面に出力したりするのと変わら
ない。したがって，OSがこれらを管理するのは自然である。ネットワークで
は，特定の約束に従った方法でなければたがいに通信できないため，それを実
現するソフトウェアがOSの一部として内蔵されている。これを**プロトコルス
タック**などと呼ぶ。ネットワークについては3章で詳しく述べる。

2.3.7　OS の 種 類

OSにはさまざまな種類がある。一般的なコンピュータ用のOSとしては
Microsoftの**Windows**シリーズが最もよく使われている。またAppleのMac
用には**macOS**（2016年以降の名称）と呼ばれるOSが同社により提供されて
いる。ともに，現在から見れば，ごく簡単な機能を持ったOSからスタートし
ているが，現在では多機能・高性能のOSに成長している。これらを汎用OS
と呼ぶ。

OSはコンピュータの誕生とほぼ同時に原始的なものがつくられ始め，コン
ピュータ技術の発展とともに高度化されてきた。汎用OSの技術開発はミニコ
ンピュータや**ワークステーション**（科学技術分野などで用いられる高性能コン
ピュータ）を対象として行われ，1980年代には現在のOSの原型となる機能は
ほぼ完成した。この分野で最も成功したOSは米国のAT&Tで開発された
UNIXである。UNIXはその後，米国カリフォルニア大学バークレー校で改良
されたBSD版が登場し，いまに至るネットワークの機能はこのBSD版に最初
に実装され，ワークステーションに搭載されて広く普及した。当時のPC用の
CPUはワークステーション用のCPUに比べ貧弱であり，また，PCとワーク
ステーションではコンピュータとしての使い方にも違いがあったため，PC用
のOSはUNIXに似たところはあってもまったくの別物であった。

　しかし，CPU の高性能・低価格化に伴い，PC にもワークステーションに遜色のない CPU が搭載されるようになると，例えば，マルチタスク機能の搭載などのように PC 用 OS もそれに伴って進化した。また，商用 OS の UNIX のクローン（互換 OS）をそのライセンスに抵触することなく，無償かつオープンソースで提供するいくつかの「フリー OS」が開発されるようになった。1990年代初頭に当時学生だった Linus Torvalds によって開発が開始され，その後，多くのプログラマやプロジェクトの協力により発展した **Linux** はそのようなフリー OS の代表例である。Linux は現在では高機能・高信頼性の OS となり，オープンソースであることから，さまざまなコンピュータに移植され，また，随時改良されている。一方，BSD 版 UNIX にも **FreeBSD** などのオープンソースプロジェクトがある。

　以上のような汎用 OS とは異なり，さまざまな機器にコンピュータが搭載されるようになると，それぞれを制御するための専用 OS が開発され搭載されるようになった。家電製品や自動車の各部，産業用ロボットなども専用 OS によって稼働している。これらの中で，スマートフォンなどでは機能の高度化に伴い，高度な OS が求められるようになり，その結果，汎用 OS とさほど違いのない OS が搭載されるようになっている。実際，iPhone の OS である **iOS** は Mac OS（当時）のカーネル（OS の中心機能）をベースとして開発された。また，**Android** は Linux カーネルの上に構築された OS となっている。

2.4　オフィスツールソフトウェア

　会社でのさまざまな業務を遂行するためによく使用されるアプリケーションソフトウェアは，総称して**オフィスソフトウェア**や**オフィスツールソフトウェア**などと呼ばれる。多くの場合，ワードプロセッサ（ワープロ），表計算，プレゼンテーションのソフトウェアを中心に業務でよく使われるソフトウェアがパッケージ化されている。本節ではこれらについて概略を説明する。

2.4.1　ドキュメント作成

ドキュメント（書類）にはさまざまな形態があるが，ここではレポートや提案書などの文字を主体としてつくられるものを指している。これらの作成には，通常，**ワードプロセッサ**（word processor）と呼ばれるソフトウェアが用いられる。Microsoft の Word はワードプロセッサの代表例である。一般的に，ワードプロセッサには以下の機能が備わっている。

- ・文字を入力して文章を作成する
  - − エディタ
- ・体裁を整える
  - − ページ設定，箇条書きやインデント，文字飾り（色），テンプレート
- ・作図，作表
- ・各部分の意味づけ（タイトル，見出し，本文など）
  - − スタイル
- ・その他
  - − 禁則処理，保存，印刷，開く

　ワードプロセッサによるドキュメントの作成と，HTML による Web ページの作成は類似している。どちらも，見た目を調整して整えることはできるが，Web ページに見出しや箇条書きなどの書式ではなく文章の論理構造を示すタグがあるように，Word でもスタイルという機能がある。スタイルは**テンプレート**によってあらかじめ定められた見出しや参考文献などを指定するだけで，調整された文字の大きさや太さを実現できる。それは見た目の調整だけでなく，文章の論理構造としての見出しとして定義されるため，簡単に目次を作成できる。また，他の形式の文書に変換する際にもその論理構造が保存され，例えば Web ページとして保存すれば見出しのタグが用いられた形に変換される。

　よく知られているワードプロセッサソフトウェアとしては Word のほかに，ジャストシステムの一太郎や Mac 用の Pages（Apple 製）などがある。

2.4.2 表　計　算

表計算ソフトウェアは**スプレッドシート**とも呼ばれる。あらかじめ縦横の罫線が引かれた表の画面が用意され，表のマス（**セル**と呼ぶ）にデータを入力して集計や分析などの処理を行うことができる。表計算ソフトウェアの代表例としては Microsoft の Excel がある（**図 2.12**）。

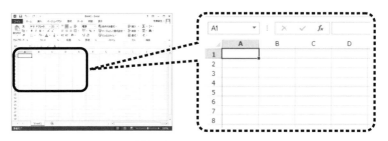

図 2.12　Microsoft の Excel

　計算のためにはさまざまな**関数**があらかじめ用意されており，対象とするデータ範囲を指定して処理することができる。数学的な計算だけでなく，文字列の処理を行う関数なども用意されている。また，Excel には，表をグラフ化する機能が備わっているため，高度な計算の結果を簡単に 2 次元・3 次元グラフとして表示することができる。

　Excel の場合，複雑な計算や大量のデータの繰返し処理のためには**マクロ機**能が用意されている。マクロは一種のプログラムであり，そのプログラミング言語は VBA（visual basic for application）と呼ばれる。マクロを使用すると，高度な計算や処理を比較的簡単に行うことができる。

　ほかによく知られた表計算ソフトウェアとしては Apple の Numbers がある。

2.4.3　プレゼンテーション

プレゼンテーションとは聴衆の前で発表することを指す。教室や学会の場での発表やビジネスでいえば会議や顧客の前での説明などがプレゼンテーションである。プレゼンテーションでは印刷した資料を配布するほかに，通常，全員

が同時に見ることができるものを用意する。かつてはそのために OHP（over head projector）やフィルムスライドがよく用いられたが，現在ではノート型 PC と**液晶プロジェクタ**を使って，PC 画面を投影するのが一般的である。このとき，画面に映す発表資料をスライドとして再生したり，その作成にも使用されるのがプレゼンテーションソフトウェアである。Microsoft の PowerPoint はよく用いられているプレゼンテーションソフトウェアの一つである。

スライド制作では箇条書などの形態のテキスト部分と図表が用いられることが多い。近年では，音声や映像などを取り込むことができるソフトウェアもある。これらは PC によるプレゼンテーションが一般化したことにより，可能になった。また，PC を利用することのもう一つの恩恵は**アニメーション**である。スライドの切替時に効果をつけたり，スライド内の図を使って説明する際に，図に動きをつけることができる。アニメーションは効果的に用いることによって複雑な事柄をわかりやすく説明するのに役立つ。

ほかによく知られた同種のソフトウェアとしては Apple の Keynote がある。

2.4.4 アプリケーション連携

以上のようなソフトウェアは相互に連携できるようになっている。例えば，Word の文書の中に Excel で作成した表を貼り付けることができる。単に貼り付けることもできるが，Excel の側でデータが更新されたときに，それが Word 文書側にも反映されるようなしくみも提供されている。また，PowerPoint のプレゼンテーションスライドの中から，映像再生のソフトウェアを呼び出し，プレゼンテーション中にスムーズにビデオや音声を再生することもできる。Microsoft の Word，Excel，PowerPoint は単体でも販売されており，利用可能であるが，多くのユーザは Microsoft Office という統合製品として入手・利用している。統合製品では，これらの単体のソフトウェアで作成した文書を一つの文書にまとめるためのソフトウェアや Web ページとして出力するためのソフトウェアなども含まれている。

2.5　クラウドサービスの利用

　ソフトウェアの提供形態，利用形態はインターネット関連技術の発展に伴い大きく変化してきた。従来はアプリケーションソフトウェアは手元の PC に**インストール**して利用するものであったが，現在では Web ブラウザを介してオンラインで利用する形態のものが増えてきた。例えば，前節で紹介した Microsoft Office の各ソフトウェアも Web ブラウザを介してオンラインで利用できるバージョンがある。Google は Microsoft Office の各ソフトウェアと同等の機能を持つソフトウェアを，早くから Web ブラウザを介して利用する Google ドキュメント，Google スプレッドシート，Google スライドなどとして提供している。

　このような形態のメリットは大きく二つある。一つは，これらはデータの保管場所としての**クラウドストレージ**と組み合わされることにより，インターネットにつながった端末であれば，どこからでも同じ**アカウント**で Web ブラウザを介して利用できることである。例えば，職場の PC での作業の続きを，移動中のスマートフォンで行い，帰宅後に自宅の PC で仕上げを行うようなことが容易にできる。もちろん，その成果には職場からもアクセスできる。もう一つは，他者との共有である。クラウドストレージに置かれているファイルへのアクセス権限を適切に設定することにより，従来であれば，USB メモリなどの記録媒体やメールへの添付ファイルなどの方法で受け渡しをしていたファイルを直接共有できる。リンクの通知だけでアクセスでき，さらに，共有したファイルをダウンロードせずに共有した状態のまま，それぞれが異なるタイミングで編集したり，リアルタイムに同時に編集することもできるため，ファイルのコピーが拡散したり，そのバージョン管理が問題になることも避けられる。

　従来，PC にインストールして利用する形態で使われてきたソフトウェアの中には，上記のようなオンラインでの利用も可能なものがある。クラウドのサービスを実現する技術については 9 章で述べる。

| 2.6 | サブスクリプション |

Microsoft Office や Adobe の一連のソフトなど，従来はソフトウェアは買い切りで利用するライセンスであり，新しいバージョンが発売されれば，それを利用したい場合は新たに購入する必要があった。これに対し，現在ではアプリケーションソフトウェアの分野にも一定の期間，定額でソフトウェアを利用する**サブスクリプション**（購読）のライセンス形態が登場し，普及している。これらは契約中の期間にソフトウェアのバージョンアップがあった場合，期間内であればいつでもそれをインストールして利用できる。また，利用する期間が限られているようなケースでは，低コストでソフトを利用できる。

演 習 問 題

〔2.1〕 コンピュータの性能を上げるために，CPU やコアを複数持つ構成方法が普及している。従来は CPU の動作周波数を上げることが性能向上手法の中心であったが，このような転換が起きたのはなぜか。

〔2.2〕 人間がコンピュータを操作する手段はキーボード入力，マウスを使った操作，画面へのタッチ操作，音声入力と進化してきた。20 年後にはどのような操作形態となっているか，ハードウェア，ソフトウェア両面の発展を考慮して予測しなさい。

3章 コンピュータネットワーク

◆ **本章のテーマ**

　この章ではメディア社会を支えているもう一本の柱であるインターネットの技術について概要を学ぶ。インターネットは巨大な情報ネットワークであるとともに，一種のデータベースとなっており，すでに現代のインフラの一つである。

　ここでは，コンピュータネットワークの基本単位である LAN と，それらどうしを接続したインターネットがどのようなしくみで機能しているのか解説する。また，インターネット上にある各種サービスを利用するために必要不可欠な DNS について紹介する。

◆ **本章の構成（キーワード）**

3.1 LAN のしくみ
　　OSI 参照モデル，Ethernet，CSMA/CD，MAC アドレス，ハブ，スイッチングハブ，ブロードキャスト

3.2 インターネットのしくみ
　　ルータ，パケット，IP アドレス，ネットマスク，ルーティング，TCP，UDP，ポート番号，ウェルノウンポート

3.3 LAN とインターネットの接続
　　ファイヤウォール，プライベートアドレス，NAT

3.4 サーバとクライアント
　　クライアント・サーバモデル，分散処理

3.5 名前とドメイン
　　階層ドメイン，DNS，TLD，ホスト名，FQDN

◆ **本章を学ぶと以下の内容をマスターできます**

☞ 隣り合ったコンピュータどうしの接続・通信のための技術

☞ インターネットの構造，離れたコンピュータに情報が届くしくみ

☞ ネットワークのセキュリティにかかわる技術

☞ インターネットにおける名前解決のしくみ

3.1　LANのしくみ

LAN（local area network，**ローカルエリアネットワーク**）は比較的小規模な台数のコンピュータなどを接続して構成するネットワークである。例えば，研究室内や建物内，大学内などの規模である。コンピュータどうしを接続する試みは1980年代には盛んに行われており，特にPCどうしをつなぐ「パソコンLAN」ではさまざまな方式のものがあった。現在では事実上の標準技術が定まり，それに基づく通信が行われている。

3.1.1　階層モデル

コンピュータ通信は階層的にモデル化されており，代表的なものとしてはISO（国際標準化機構）とITU-T（国際電気通信連合の電気通信標準化部門）という組織が定義した**OSI**（open systems interconnection）**参照モデル**という7階層のモデルがある。また，インターネットにおける階層モデルというものもある。両者の階層に厳密な対応関係はないが，便宜上，対応付けられて表現されることが多い。これらを**図3.1**に示す。

第7層：アプリケーション層	アプリケーション層
第6層：プレゼンテーション層	
第5層：セッション層	
第4層：トランスポート層	トランスポート層
第3層：ネットワーク層	インターネット層
第2層：データリンク層	リンク層
第1層：物理層	

図3.1　OSI参照モデル（左）とインターネットにおける階層モデル（右）

階層的なモデルでは，階層ごとの機能や，上下の階層とのデータの受渡し方法が明確に定義されていれば，それらを守ったうえで，ある階層に改良を加えたり，それを他の方式と入れ替えたりすることが容易になるというメリットがある。OSI参照モデルでは，下の階層ほど通信のハードウェアに近く，上の階層ほどアプリケーションソフトや人間が理解できる情報に近い。ここでは，OSIの第1層と第2層を中心に説明する。OSIの第3層と第4層については次節で説明する。なお，このモデルでの層の分割の仕方と，実際に用いられている技術では，その切分け方が一致しない部分もある。

3.1.2　第1層：物理層

物理層は信号のやりとりの方法などを規定する層である。例えば，電気信号であれば，どのような電圧を使うか，信号線は何本か，どのようなコネクタを使うか，どのようにして通信データの始まりと終わりを判定するかなどのことが決められている。光通信の場合は光信号でのやり取りに関する規定がされているし，電波による無線通信でもそれに応じた取り決めがされている。

つぎに解説する Ethernet では 10BASE5, 10BASE-T, 100BASE-TX, 1000BASE-T, 10GBASE-T などの規格がある。先頭の数字は通信速度（bps: bit per second）を示しており，つぎの BASE というのは「ベースバンド変調」という方式で信号が送られることを表している。これらは電気信号を用いた規格である。光を用いたものには 100BASE-FX などがある。また，電波による無線には 802.11a/b/g/n/ac/ax などの各規格があり，2.4 GHz 帯や 5 GHz 帯の電波を用いる。

3.1.3　第2層：データリンク層

データリンク層は同一の LAN の中でデータの送受信をどのように行うかのルールを規定する層である。送信，受信する各機器（**端末**と呼ぶ）の識別の仕方，信号の誤りの検出と訂正方法などが定義される。

この層の代表例は **Ethernet**（**イーサネット**）であり，現在でもその改良版（高速版）が中心的に利用されている。Ethernet は無線通信技術として開発された ALOHAnet をもとに考案されたもので，米国 Xerox の研究所で誕生した。いくつかの大手メーカーが開発に加わって普及し，のちに **IEEE**（Institute of Electrical and Electronics Engineers，米国を中心とした電気・電子分野における最大の学会・技術者団体）によって 802.3 という番号の規格として標準化された。ここでは名称を Ethernet で統一して説明する。なお，正確には Ethernet の仕様は第1層と第2層にまたがっているが，ここではまとめて解説する。

〔1〕　**CSMA/CD**　　Ethernet では，**CSMA/CD**(carrier sense multiple access

/collision detection）という方式が採用されている。その原理を以下に述べる。
各端末は共通の信号線に接続されていることによってたがいに通信ができるも
のとする。

・carrier sense（キャリアセンス）とは，現在ネットワークの信号線上に
データが乗っているかどうか（つまり通信が行われているかどうか）を確
認する作業である（**図3.2**）。

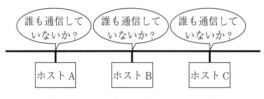

図3.2　CSMA/CD（キャリアセンス）

・multiple access（マルチプルアクセス）とは，複数の端末にアクセス（送
信）のチャンスがあり，他の端末が送信していなければ送信できることを
意味する。

・collision detection（コリジョンディテクション）とは，信号の**衝突**（**コリ
ジョン**）を検出するという意
味で，衝突が起きるとランダ
ムな時間待った後，再度，
キャリアセンスから始める
（**図3.3**）。

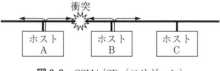

図3.3　CSMA/CD（コリジョン）

これらはこの順番に行われる。すなわち，送信を希望する端末は，キャリア
センスを行い，その結果，誰も送信を行っていないことがわかると送信する。
しかし，この際，ほぼ同時にキャリアセンスを実行した他の端末が，同様にし
て送信をしてしまう可能性がある。そうすると二つの送信データは信号線上で
衝突し，意味のない値になってしまう。これが発生するとジャム信号と呼ばれ
る特別な信号が流され，衝突があったことが周知される。各端末はつぎの送信
機会をうかがうが，ほぼ，同じタイミングでこの手順を再実行すると，再び衝

突が起きる可能性が高くなる。そこで，再度の送信をする場合にはそれぞれランダムな時間だけ待ってから手順を進めるようになっている。これにより，各端末の待ち時間がばらばらとなるため，再び衝突が起きる可能性が低くなる。

実際に，初期の Ethernet では同軸ケーブルを用い，共通の信号線にすべての端末が接続されていた。同軸ケーブルは，現在ではテレビと壁のアンテナ端子を接続するのに用いられているのと同じ種類の断面が円のケーブルで，中心に1本の信号線が通っている。よく用いられていたのは直径 1cm ほどの太いもので，黄色の被覆が用いられたためイエローケーブルと呼ばれた（**図3.4**）。この場合，一本のケーブル

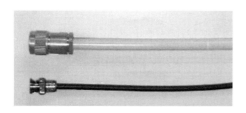

図3.4　10BASE5 イエローケーブル（上）
と 10BASE2 と同軸ケーブル（下）

の両端には，終端抵抗という，信号の反射を抑えるための機器を取り付け，その間に端末（コンピュータ）を決まった間隔で複数接続した。このような接続形態を**バス接続**という。この形態では，ある端末が出した信号はケーブルの両端に向かって進んでいき，結果としてすべての端末で受信可能となる。なお，現在の Ethernet は〔4〕に示すようなスイッチと LAN ケーブルで構成されている。

〔2〕　**MAC アドレス**　　自分や相手を識別するために，Ethernet では各端末は固有の **MAC**（media access control）**アドレス**という 48 ビットの番号を持っている。この番号は世界中で同じものが二つ以上存在しないように，公的な番号割当て機関とメーカーが協力して製造時に番号をつけており，原則的に変更できない。現在では，ほとんどすべてのコンピュータが Ethernet などのネットワークに接続するためのインタフェース（接続端子と制御機能）をあらかじめ内蔵しているが，LAN の草創期にはこれが内蔵されている PC はほとんどなく，ハードウェアの機能拡張用のしくみを利用して Ethernet カード（あるいは LAN カード）を追加してネットワークの機能を持たせていた。

MACアドレスの重複はないので，通信の際，相手端末の指定にはこれを用いる。先に書いたように，ある端末からの送信データはネットワーク上の各端末に伝わるが，各端末ではそのデータに含まれている宛先を自分のMACアドレスと比較して，自分には無関係のものであった場合は，データの受け取りを止めるようになっている。データの宛先が自分であった場合は受信処理を行う。そして同様にデータに含まれている送信者のMACアドレスを抽出して返信に用いる。

なお，MACアドレスは原則的に端末固有のアドレスであるため，観測により，ネットワーク上でのその端末の持ち主の活動が把握されたり，位置情報の推定につながってしまう恐れがある。それを避けるため，例えば，iPhoneにおけるiOS14以降の「プライベートアドレス」機能のようにソフトウェア的にMACアドレスを変更（ランダム化）できるようになっているOSもある。

〔3〕 **フ レ ー ム**　データの送受信は実際には**フレーム**と呼ばれる1 500バイト程度の固定の大きさのかたまりを単位として行われる。フレームは，送信者・受信者のMACアドレスなどを格納しておく**ヘッダ**部分と，送るべきデータが収められている**ペイロード**部分からなる。したがって，各端末は，通信に際して実際にはヘッダを見て必要な判断をすることになる。データがペイロードの大きさより大きい場合は，複数のフレームに分割されて送られる。

フレームのようにヘッダとペイロードからなる構成のデータは一般的に**パケット**と呼ばれる。パケット（packet）とは小包のことであるが，ネットワークの世界においてはデータを細切れにしてヘッダを付け加えたものを指す。小包には受取人や差出人，宛先の住所などが書かれた伝票ラベルが貼られるが，パケットではヘッダがそれに相当している。各層ではそれぞれ，パケットの形式が定義され，その名称も別につけられているが，それらは**図3.5**のように包含関係になっている。

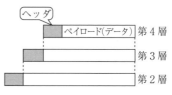

図3.5　パケットの包含関係

〔4〕 **ハブとスイッチ**   同軸ケーブルによるネットワークはケーブルが硬くて重いため，端末を接続したり，取り回しがしにくいのが欠点であった。その後，現在でも使われている軟らかい **LAN ケーブル**と，**ハブ**と呼ばれる接続機器を用いる接続形態が登場して主流となった。**図 3.6** にこれらを示す。ハブはネットワークを電気的に延長するための機器である**リピータ**がマルチポート（接続口が複数あること）になったものである（**リピータハブ**と呼ぶ）。したがって物理層での接続機器ということになる。これらを用いると，一見，ハブを中心としてケーブルがさまざまに延び，その先に端末があるという**スター型**の接続になる。しかし，初期のハブはその内部構造はバスになっていて，電気的には同軸ケーブルのネットワークと同じ機能であった。このため**シェアードハブ**と呼ばれることもある。

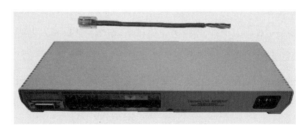

図 3.6   10BASE-T   LAN ケーブル（上）とシェアードハブ（下）

これらに共通する欠点は，端末の台数が増えると CSMA/CD での衝突の可能性が高くなり，通信がしにくくなることである。これは，根本的には 1 本のバス（ケーブル）を全端末が共用するバス結合であることに起因する。した

図 3.7   スイッチングハブ

がって，これを通信を行うペアごとに切り分けてたがいに干渉しないようにすれば問題は生じない。こうして誕生したのが**スイッチングハブ**，あるいは単に**スイッチ**と呼ばれる接続機器である（**図 3.7**）。スイッチングハブは外観や接続方法はシェ

アードハブと同じであるが，内部が電子的なスイッチになっており，通信をするペアごとにまったく独立の通信路をつくることができるようになっている。したがって，複数のペアの通信が同時に行えるため，通信の効率は上昇した。

　現在では内部がバスの原始的なハブはすでに姿を消し，ハブといえばスイッチングハブになっている。スイッチングハブは MAC アドレスを理解して内部の接続形態を変更する，データリンク層の接続機器である。これは，データリンク層で LAN を接続する**ブリッジ**という機器をマルチポート化したものに相当する。スイッチングハブが用いられると通信は各ペアで独立に行われる。したがって，実際には CSMA/CD が必要ではなくなっているが，規格としては100 Mbps の Fast Ethernet，1 Gbps の Gigabit Ethernet までは残されている。近年の 10 Gigabit Ethernet では CSMA/CD が廃止されている。

〔5〕 **コリジョンドメイン**　　ドメイン（domain）とは領域あるいは範囲のことである。**コリジョンドメイン**は CSMA/CD によるコリジョン検出が可能な範囲である。一つの同軸ケーブルに接続されている端末はすべて一つのコリジョンドメイン内である。また，リピータやシェアードハブを介して拡張された LAN ではコリジョンドメインも拡張される。コリジョンドメインはCSMA/CD で制御される一つの単位である。

〔6〕 **ブロードキャストドメイン**　　ブリッジ，あるいはスイッチングハブで接続された LAN では，コリジョンはスイッチングハブの先までは届かない。コリジョンドメインを小さくできるメリットはあるが，物理層的には信号が一部には届かないことになる。一方，Ethernet には**ブロードキャスト**（broadcast）という形態の通信がある。ブロードキャストとは「放送」の意味であり，1 対全部の通信である。スイッチングハブは MAC アドレスを学習し，通信している相手以外のフレームを通さないが，ブロードキャストは必要な通信であるため，これを通す。ブロードキャストが届く範囲を**ブロードキャストドメイン**と呼び，Ethernet ではこれが一つのネットワークを表す単位となる。この範囲を**セグメント**と呼ぶこともある。**図3.8**にコリジョンドメインとブロードキャストドメインの関係を示す。

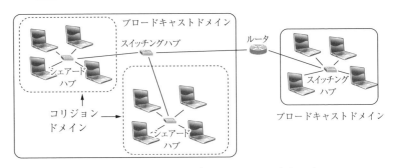

図3.8 コリジョンドメインとブロードキャストドメイン

3.2   インターネットのしくみ

インターネット（The Internet）は inter-net（work）であり，ネットワーク
どうしを世界規模でつないだものである。したがって，個々のネットワーク内
での通信のしくみとインターネットでの通信のしくみは同じである。3.1.3 項
で見てきた第 2 層の Ethernet ではブロードキャストドメインが一つのネット
ワークの単位となっている。インターネットをブロードキャストがどこまでも
伝わるのはそれだけで通信量が膨大になり現実的ではない。そこで，ブロード
キャストドメインを分割しながら，ブロードキャストドメインどうしを接続し
て大きなネットワークを構成するしくみが必要である。**ルータ**と呼ばれる機器
がこのために使用される。言い方を変えれば，インターネットとはルータを用
いてネットワーク（Ethernet の 1 ブロードキャストドメイン）どうしを接続
したものということになる。LAN はその一部であり，ルータで接続した複数
のネットワークを含んでいる場合もある。

　この意味でのネットワーク内の通信は Ethernet で行われるが，他のネット
ワークに存在する端末との間の通信はどうすればいいだろうか。第 1 層の物理
層でのコリジョンが伝わらない範囲にも，一つ上の第 2 層の接続機器であるブ
リッジやスイッチングハブを用いて通信が行えたように，第 2 層の Ethernet
のブロードキャストが届かない範囲でも，もう一つ上の層の第 3 層で接続すれ

ば通信が行える。この第3層での接続機器がルータである。この節では第3層
と第4層を中心に説明する。

3.2.1 エンドツーエンドの原則とベストエフォート

インターネットでは**エンドツーエンド**（end to end）**の原則**（または原理）
と呼ばれる考え方が基本となっている。これは、通信システム全体を、通信を
する両端の端末（コンピュータなど）と、その間のネットワークに分けて考え
るとき、ネットワークは「賢くない」もので十分であり、必要なことはすべて
両端で実現すべきであるという考え方である。伝統的な大規模ネットワークで
ある電話網では、電話会社がネットワークをしっかり管理しており、ネット
ワークが高度な機能を持っている。そのため、通信をする端末である電話機の
基本機能はごく単純なものでも用が足りる。

しかし、インターネットでは、インターネット全体を責任を持って統括管理
するような組織は存在せず、それぞれの接続組織ができる範囲のことを精一杯
行う（これを**ベストエフォート**という）だけで何の保証もない。そこで、例え
ば、通信がうまくいかないときには両端の端末が何とかしなければならない。
インターネットにおいてこれを実現する手段の一つがTCPの利用である。
3.1.1項で示した階層化の考え方はエンドツーエンドの原則の考え方を反映し
たものと考えることもできる。

図3.9に示すように、第3層は相手まで情報を伝えるための「賢くない」

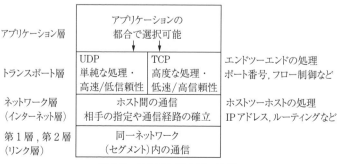

図3.9 第3層と第4層の役割

ネットワークであり，第4層では TCP のようにエンドツーエンドで対応する
ための手段を提供している。そして，第4層には選択肢があり，より上位の層
が，この層で余計なことをしてほしくないと考えるのであれば，単純な UDP
を選ぶこともできるようにしている。

3.2.2 第3層：ネットワーク層

ネットワーク層の役割は，通信の相手を識別し，そこまでパケットを配送す
ることである。通信の手順や取り決めを**プロトコル**（protocol）と呼ぶ。

〔1〕 **Internet Protocol**　　ネットワーク層にもかつては複数のプロトコ
ルがあり，LAN ではよく用いられていたが，インターネット時代の幕開けと
ともに，インターネットで用いられている **IP**（internet protocol）が主流とな
り，**事実上の標準**となった。IP は第4層のプロトコルの一つである **TCP** と
セットで **TCP/IP** と呼ばれることが多い。

IP では，情報はパケット単位で送受信される。パケットは IP では**データグ
ラム**と呼ぶのが正式であるが，通常，この形式のものは単にパケットと呼ばれ
ることが多い。IP パケットの大きさは可変であるが，一つのパケットにデー
タが収まらない場合は，分割されて複数のパケットになる。

〔2〕 **IP アドレス**　　IP では**ホスト**（IP ネットワークに接続されている機
器）を識別するために **IP アドレス**を用いる。IP アドレスは Ethernet におけ
る MAC アドレスとは異なり，論理的なアドレスであるため，ソフトウェアで
柔軟に変更可能である。現在主流で用いられている IP は IP バージョン4
（IPv4）であり，IP アドレスは32ビットで表現される。32ビットでは約43億
個のアドレスが利用可能であるが，これをばらばらに用いるのではなく，階層
的な考え方でグループ化して用いる。具体的には32ビットをネットワークア
ドレス部とホストアドレス部に分割し，同じネットワークアドレス部を持つホ
ストは IP において「同じ」ネットワークに属するものとして扱われる。この
分割を行うため，**ネットマスク**あるいは**サブネットマスク**と呼ばれる32ビッ
トの値を用いる。**マスク**とは2進数における AND 演算の特別な場合，あるい

はそのときに計算に用いる値を指す。

〔3〕　**ネットマスク**　　IPアドレスは32ビットのどこかのビット間を境界
として**ネットワークアドレス部**と**ホストアドレス部**に分けることができる。両
者の関係は，あるネットワークアドレスに属するホストはホストアドレス部で

┌─ **コ　ラ　ム** ─┐

AND演算とマスク

　AND演算は論理積とも呼ばれ，簡単にいえば，かけ算である。ただし，2
進数におけるAND演算はビット単位（2進1桁単位）で行われる。1桁の場
合は以下のようになる。ここでは説明のため「&」を演算子として用いている。

　　0 & 0 = 0
　　1 & 0 = 0
　　0 & 1 = 0
　　1 & 1 = 1

　つまり，0と何かをAND演算しても結果は必ず0になり，結果が1になる
のは演算する両方の値が1のときのみである。これを利用すると，32ビット
（32桁）のような長い2進数のうちの一部分だけを容易に取り出すことができ
る。例えば，8桁で例を示すと

　　10110011

という数の左側（上位）の4桁だけを取り出したければ

　　11110000

とAND演算すればよい。演算は桁ごとに行われるから結果はつぎのようになる。

　　10110000

ここで，右側（下位）の4桁がすべて0になっていることに注目しよう。

　今度は

　　10111101

に対して先ほどと同じ数との間でAND演算をしてみると

　　10110000

となる。これがマスクという処理であり，連続した1と，連続した0を用い
て，もとの数の一部の桁の部分だけを取り出すことができる。このとき

　　11110000

のことを**マスクパターン**，あるいは単にマスクと呼ぶ。

示される数だけあるということである。ここで，ネットワークアドレス部は上位部分，ホストアドレス部は下位部分の桁となることに注意しよう[†]。

わかりやすいように，普段使いなれている 10 進数で考えてみる。図 3.10 を見てみよう。10 進数でも左側が上位の桁になっている。2100 番台には 2100 〜 2199 までの 100 個の数があり，これは 2100 番台を表す「21」と「00 〜 99」の組合せで表現されている。5300 番台も同様で 5300 〜 5399 までの 100 個の数があり，5300 番台を表す「53」と「00 〜 99」の組合せである。このように上位の桁が 21 と 53 で違っていても，下位の桁は 00 〜 99 で同じである。このとき，21 や 53 の部分がネットワークアドレス部に相当し，00 〜 99 の部分がホストアドレス部に相当する。言い換えれば，「21 番のネットワークには 00 〜 99 までのホストがあり，53 番のネットワークにも 00 〜 99 までのホストがある」ということになる。これで，2 進数でもネットワークアドレスを求めるには上位の連続する桁をマスクにより取り出せばよいことが理解できるだろう。

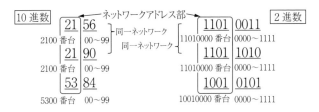

図 3.10 ネットワークアドレス部とホストアドレス部の概念

32 ビットの IP アドレスを 32 桁の 2 進数で表記するのはたいへんなので，通常は 8 ビット（これを**オクテット**という）ごとに四つ区切り，それぞれを 10 進数で示したうえで，ドット「.」でつないで表記する。これを **10 進ドット表記**と呼ぶ。例えば，160.230.130.35 のように書く。ドットで区切られた各オクテットはそれぞれ 8 ビットであるから，10 進数では 0 〜 255 までのいずれかとなる。これに対して，マスクは上位ビットが途中まで 1 の連続で，残りが 0 の連続というパターンであるから，例えば，上位から 16 ビットと 17 ビッ

トの間に境界を設けると，それぞれが 16 ビットずつとなる。マスクの 1 が連続している数を**マスク長**といい，この場合，マスク長は 16 である。このマスクを 10 進ドット表記で表すと 255.255.0.0 となる。（10 進数の 255 は 2 進数では 11111111 である。）これを上の例の IP アドレスと AND 演算すると 160.230.0.0 となる。これがこのマスクの場合のネットワークアドレスである。ネットワークをその規模と同時に表すために，これを 160.230.0.0/16 と表記する。

　ネットワークアドレスはマスク長に依存する。マスクが 255.255.192.0 であれば，先の IP アドレスのネットワークアドレスは 160.230.128.0 となる。10 進数の 192 は 2 進数では 11000000 であるから，このマスクは 18 個の 1 が連続したパターン，すなわち，マスク長が 18 である。この場合は 160.230.128.0/18 と表記する。このようにマスク長が異なればネットワークアドレスも違ってくる（**図 3.11**）。これはじつは 160.230.0.0 のネットワークを 4 分割して（下位 2 オクテットだけで書くと）0.0 と 64.0 と 128.0 と 192.0 のネットワークをつくったうちの一つである。マスク長が 1 増えるともとのネットワークは 2 等分される。

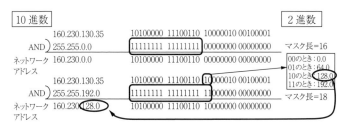

図 3.11　マスク長とネットワークアドレス

　一方，ホストアドレス部に注目すると，マスク長が長くなるほどホストアドレス部は短くなる。先の例では，マスク長が 16 のときはホストアドレス部は 16 ビットあり，ホスト 1 台が一つのアドレスを使用するから，これは 65 536 台を区別できる。マスク長が 18 になるとホストアドレス部は 14 ビットとなり 16 384 台となる。つまり，この 16 384 台は同じネットワークアドレスを持っ

ている。この状況を IP においては「同じネットワークに属している」という。

　インターネットで用いられる IP アドレス（グローバルアドレス）は各ホストに重複がないように割り当てる。マスク長が同じでホストの数が同じであっても，インターネットでは，同じネットワークアドレスのネットワークは二つ以上存在しないように世界的に管理され，組織等に割り当てられている。そのため，組織内でホストアドレス部を重複のないようにホストに割り当てれば，世界中のすべてのホストで IP アドレスの重複は起きない。

　〔4〕　**ネットワークどうしの接続**　　実際にはネットワークはもっと小さな単位に分割される。会社の部署や学校の教室などの人間社会でのグループの単位に合わせられることが多い。例えば，マスク長 26 や 25 などである。この場合，それぞれ，ホスト部の数は 64，128 となる。部署ごとにネットワークをつくると，それらはたがいに「異なるネットワーク」となる。しかし，社内で他の部署と通信ができなければネットワークの意味がない。そこで，このような異なるネットワークどうしを接続するのに用いられるのが**ルータ**である（**図 3.12**）。ルータ

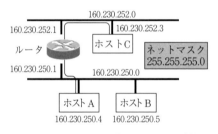

図 3.12　ルータによるネットワーク間接続

は通常複数のネットワークインタフェース（接続口）を持っている。それらに，いま相互に接続しようとしている各ネットワーク内の IP アドレスをそれぞれ付け，各ネットワークに接続する。そして，ネットワークをまたぐ通信が行われる際に，そのパケットを適切に転送する。ルータはブロードキャストドメインを分割する。したがって，ルータで接続されるネットワークのうち，Ethernet で構成されているものでは，それは Ethernet の一つのブロードキャストドメインとなる。

　現在ではルータに代わって**レイヤ 3 スイッチ**（L3-SW）と呼ばれる機器がよく用いられる。これはスイッチングハブ（L2-SW）に第 3 層（レイヤ 3）のルーティング機能を持たせたものである。ルータは本来，Ethernet 以外に

もさまざまな接続インタフェース（高速シリアルインタフェースや電話回線など）を複数持っているが，大学のキャンパス LAN や社内 LAN などでは Ethernet の LAN どうしのみを接続することが多い。また，L2 - SW が **VLAN** 機能を持つようになったため，L3 - SW が使われるようになった。

〔5〕　**IP と Ethernet**　　IP 的に同じネットワーク内のホストどうしは直接通信できる。相手が自分と同じネットワークに存在するかどうかは，自分の IP アドレスおよび相手の IP アドレスにネットマスクを適用して同じになるか確認すればよい。しかし，これで同じネットワーク内に相手がいることがわかってもまだ解決すべき問題がある。

IP は第 3 層であるから，実際にはパケットは第 2 層，第 1 層を経由して相手に届き，相手側では第 1 層，第 2 層を経由して第 3 層に伝わる。ここでは第 2 層が Ethernet で構成されているとしよう。この際，Ethernet では端末（この場合ホスト）の識別に MAC アドレスを使い，IP では IP アドレスを用いる。したがって，両者の対応付けが必要である。MAC アドレスは通常固定であるのに対して IP アドレスは付け替え可能であるから，対応付けも柔軟に変更できる必要がある。

この対応付けは **ARP**（address resolution protocol）と呼ばれるプロトコルで行われる。はじめ，送信する側のホストは相手の IP アドレスはわかるが MAC アドレスはわからない。そこで，ブロードキャストを用いて「IP アドレスが xxx のホストはどれですか？」と尋ねる。このときのパケットには，送信ホストの IP アドレスと MAC アドレスが含まれている。ブロードキャストを受信した該当の（相手の）ホストは，自分が指定されているため送信したホストに対して返事を送る。このとき，送信ホストの MAC アドレスはブロードキャストパケットに含まれているのですでにわかっているから，今度はブロードキャストではなく個別の通信としてすぐに返事を送ることができる。もちろん，この返事パケットの中にこの（該当）ホストの IP アドレスと MAC アドレスが含まれている。したがって，これで両者がたがいの IP アドレスと MAC アドレスの対応付けを完了できる。この様子を**図 3.13** に示す。この情報はホ

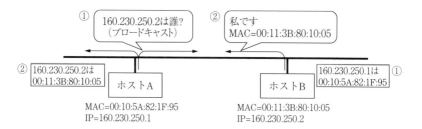

図 3.13 ARP

スト内で保持されるが，使われなくなると（つまり，通信がされなくなると）一定時間後に消去されるため，MAC アドレスと IP アドレスの対応付けが変更されても問題ない。

〔**6**〕 **パケットの転送**　相手が自分とは同じネットワークにいない場合は ARP を用いても無意味である。そこで，そのようなときは，ネットワーク内にいるルータに対してパケットの転送を依頼する。このため，通常，各ホストに IP アドレスを割り当てる際には**デフォルトゲートウェイ**あるいは**デフォルトルータ**という設定項目でこのルータを指定しておく。コンピュータやネットワークの世界での**デフォルト**とは「他に該当するものがなかった場合の選択肢」を意味する。相手は自分と同一ネットワーク内にはいないので，相手が他のどのネットワークにいようとも「デフォルト」でパケット転送を依頼する先がデフォルトルータである。

〔**7**〕 **ルーティング**　ルータの役割は**ルーティング**である。ルーティングとは，ルータが持つ複数のポートのいずれかに到着したパケットを，つぎはどのポートから送り出せばよいか判断し，転送を実行することである。この判断の際，ルータが参照するのが**経路表（ルーティングテーブル）**である（**図3.14**）。経路表には宛先のネットワークとそこへ転送するためにはどのポートにパケットを送出すればよいかという情報が，メトリック（後述）などの他の情報とともに記録されている。経路表はルータに内蔵されているメモリ上に構築される。

　経路表をつくるには人間が設定する方法と，ルータどうしが情報交換するこ

宛先ネットワーク	つぎのホップ	ホップ数	ポート
160.230.201.0	直　接	1	1
160.230.202.0	直　接	1	2
160.230.203.0	160.230.202.2	2	2
160.230.204.0	160.230.202.2	2	2

201.1 ポート1
ルータA
202.1 ポート2
202.2
ルータB
203.1　204.1

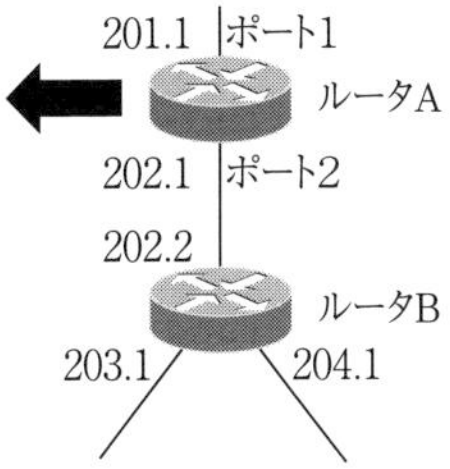

図 3.14 ルータ A のルーティングテーブル

とによって自律的に構築する方法とがある。前者を**静的（スタティック）ルー
ティング**と呼び，後者を**動的（ダイナミック）ルーティング**と呼ぶ。静的ルー
ティングはネットワークの構成が比較的単純で変更が頻繁でない場合に有利で
ある。それに対し，動的ルーティングでは**ルーティングプロトコル**に従って，
ルータどうしが情報交換を行うことにより，必要に応じて経路表を更新しなが
ら動作する。動的ルーティングでは，ネットワークの構成に変更があり，パ
ケットの転送先を変更したほうがよいような状況になると，そのことがルータ
間で伝搬され，各ルータは経路表の更新を行う。したがって，例えば，ネット
ワークのあるリンクが切れてしまったり，停電で途中のルータが停止したりし
た場合でも，短時間の間にそれらを迂回する経路が関係するルータに設定され
る。この際，通常は人手を必要としない。静的ルーティングでは，経路表の変
更・更新は人間が直接行うのが唯一の手段であるため，このような自動的な迂
回経路の設定は行われない。

　動的ルーティングは **EGP**（exterior gateway protocol）と **IGP**（interior
gateway protocol）の 2 種類に大別される。EGP はインターネット接続サービ
スを提供している企業（**ISP**：internet service provider）の運営しているネッ
トワークのような大規模なネットワークどうしを接続する際のルーティングプ
ロトコルである。一方，IGP はそれらの各ネットワーク内でのルーティングに
用いられるプロトコルである。

　ネットワークを，あるポリシーに基づいて管理される範囲に分けて考えると
き，それらの一つひとつを **AS**（autonomous system，**自律システム**）と呼ぶ。

例えば，通常，ISP は自社が管理している範囲のネットワークに対しては，統一的なポリシーで運用を行っている。この場合，一つの ISP が一つの AS になる。インターネットはこのような AS が多数接続されたものとみなすことができる。そして，各 AS のポリシーに応じて AS 間でパケットをどのように転送するかを決めるのが EGP である。EGP の代表例としては **BGP4**（border gateway protocol version 4）などがある。なお，ここでいうポリシーとは，例えば，「商用のトラフィックは AS 内を通過させない」などの運用方針である。

一方，IGP にも **RIP**（routing information protocol）や **OSPF**（open shortest path first）などの数種類のルーティングプロトコルがある。これらは経路選択の指標（**メトリック**という）として何を利用するかによって特徴づけられる。RIP では宛先までに複数の経路が存在するとき，経由するルータ数（**ホップ数**と呼ぶ）がもっとも少ない経路を最適経路と判断する（**図3.15**）。これに対し，OSPF ではリンクのスピードなどの**コスト**を指標としている（**図3.16**）。

OSPF においては，合計コストの計算の結果，最もコストの小さい経路が最適経路となる。コストはデフォルト値を使うほか，管理者が設定することもで

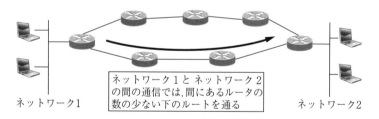

ネットワーク1とネットワーク2の間の通信では，間にあるルータの数の少ない下のルートを通る

図3.15 RIP の動作

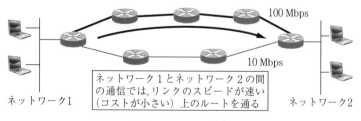

100 Mbps

10 Mbps

ネットワーク1とネットワーク2の間の通信では，リンクのスピードが速い（コストが小さい）上のルートを通る

図3.16 OSPF の動作

きる。コストを調整することにより，ネットワークのトラフィックの状況に応じて柔軟に対応することができる。ただし，コストの設定はルーティングプロトコルの範囲内ではないため，動的には調整されない。

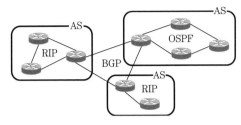

図3.17 2段階のルーティング

2段階のルーティングの様子を**図3.17**に示す。

```
┌─ コ　ラ　ム ─┐
```

IPv6

　インターネットは一般の人が利用するようになる以前から大学や研究機関などを接続して肥大化を始めていた。IPv4 の設計当初は 32 ビットで約 43 億個のアドレスが利用可能であるから，当面は大丈夫であると判断されたのであろうが，インターネットの肥大化が始まるとすぐに「IP アドレスの枯渇」が現実の問題として認識されるようになった。インターネットが商用利用に開放され，一般の人が利用するようになるとこの問題が厳しさを増すことは明らかであったから，1990 年代の初めには根本解決として別体系の IP の検討が始められた。これがのちの IPv6 になる。このような検討は時間がかかり，また，IPv4 からの移行にも時間がかかることが予想されたので，IPv4 の延命対策も並行してとられた。IP アドレスの割当てはルーティングにも影響するため，割当て方法を工夫して経路情報を集約できるようにしたほか，3.3 節で述べるプライベートアドレスの利用が促進された。

　IPv6 は数年の開発期間を経て 1990 年代末にはアドレス割当てができる状態になり，徐々に IPv4 と併用されるようになった。この開発では日本の技術者も大きく貢献した。IPv6 ではアドレスは 128 ビットになり，日常生活の感覚でいえば天文学的ともいえる膨大な数のアドレスを利用できる。IPv4 の反省を生かしてさまざまな改良が取り入れられ，現在では Windows をはじめ主要な OS では標準的に利用可能になっている。インターネットのさまざまなプロトコルやサービスの IPv6 対応も進められている。しかし，IPv4 から IPv6 への移行は現在でも遅々として進まないままである。IPv4 の延命が続けられた結果，IPv4 で構築されたシステムが安定して機能している以上，少なくとも

初めは混乱を生じる可能性が高く，機器更新の投資も必要な IPv6 への全面移行に踏み切ろうと考える人や企業が少ないためであると思われる。IPv6 の利用を促進する，いわゆる，キラーアプリケーションの登場が待たれるが，何らかのきっかけで，一気に移行が進む可能性もある。

本書ではこれ以上の IPv6 についての説明は割愛する。他の良書を参考にされたい。

3.2.3　第4層：トランスポート層

ここではトランスポート層の代表例として **TCP**（transmission control protocol）と **UDP**（user datagram protocol）について説明する。トランスポート層の役割はさらに上位に位置するアプリケーション層に対し，通信の接続口と信頼性を提供することである。例えば，一連の通信のうち，一部のパケットが正常に届かなかった場合への対応についてはいろいろ考えられる。第3層の IP はそのような事態への対応は行わないため，第4層か，その上の層のアプリケーション自身が対応する必要がある。

〔1〕 **TCP**　　第4層においてこのような通信の信頼性を確保する役割を持っているのが TCP である。TCP ではパケットの受信者は受信すると **Ack** と呼ばれるパケットを送信者へ返す。送信者は受信者からの Ack を受け取るまで，つぎの通信を行わない。このやりとりがうまくいかない場合，例えば，一定時間内に Ack が返ってこない場合（これを**タイムアウト**という）は，再送信が行われる。このようにすることで，通信の信頼性を高めている。

しかし，通信のたびに毎回これを行うのは非常に効率が悪い。そこで，一定の回数までは連続して送信をしてよいことにする。これで効率は向上する。例えば，4回までは Ack を待たずにつぎの送信をしてよい場合，4という数は受信側が送信側にあらかじめ伝える。これはパケット四つ分は受信側で溜めておけるという意味である。パケットはそのデータを必要とする上位層のアプリケーションにわたされるまで，一時的に溜めておかれる。ただし，溜めておく場所（**バッファ**という）には限りがあるため，現在，どのくらいなら溜めてお

けるかをあらかじめ送信側に知らせる。

つぎに，Ack のルールを決めよう。Ack を返す際には「つぎは何番目のパケットを受け取ります」という通知を一緒に行うことにする。これはそれより前のパケットはすべて受け取ったことを意味している。そして，Ack を返すときには，それに対応するパケットが受信側で処理され，バッファにその分だけ空きスペースができることとする。先の例では4回連続して送信した後は Ack を待たなければつぎの送信はできない。そこに，「つぎは2番目を受け取ります」という Ack が返ってきたとすると，これは1番目のパケットに対する Ack であるから，送信側は受信側で1番目のパケットが処理され，バッファに

1パケット分の空きができたとみなす。そこで，送信側は再送に備えて残しておいた1番目のパケットのデータを破棄し，5番目のパケットを送る。この様子を**図 3.18** に示す。

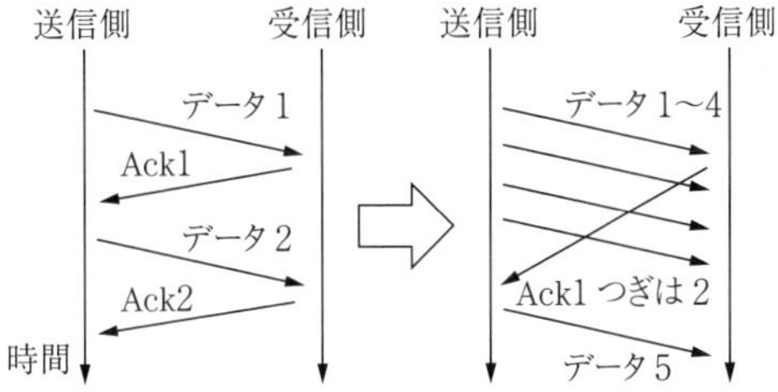

つぎに「つぎは3番目を受け取ります」という Ack が返ってくることが期待されるが，これが届かず，「つ

図 3.18 連続した送信と Ack

ぎは4番目を受け取ります」という Ack が返ってきたとしよう。そうするとこれは受信側で3番目のパケットまでは受け取り，3番目までのパケットのためのバッファが空いたということになるから，送信側は6番目，7番目のパケットを連続して送信できる。パケットを列にして並べて考えると，これは送受信の処理をしているパケットを大きさ4の枠で示し，この枠がしだいにずれていくとみなすことができる。この枠を**ウィンドウ**と呼び，このような制御を**ウィンドウ制御**という。ウィンドウの中は Ack がまだ届いていないパケットである。ウィンドウサイズは Ack を待たずに連続して送信できるパケットの数に相当し，この場合は4である。ウィンドウが次々とつぎの送信のほうへ向かってスライドしている様子は**スライディングウィンドウ**と呼ばれる（**図 3.19**）。

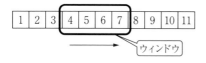

図 3.19 スライディングウィンドウ

ここで二つのことに注意しよう。一つはすべてのパケットに対して Ack を返す必要はないことである。先の例では意図的に「つぎは 3 番目」の Ack が返らないことを想定したが，実際の通信でも Ack が障害によって届かないこともある。それでもウィンドウサイズがある程度以上の大きさであれば TCP は破たんしない。このしくみをうまく使うと複数のパケットに対する Ack を一つに集約でき，効率がよい。なお，実際の TCP ではパケットに番号を振るのではなく，TCP 接続ごとに全パケットのデータ 1 バイトごとに**シーケンス番号**という通し番号を想定しておき，Ack ではつぎに受け取るはずの先頭データのシーケンス番号を返す。

もう一つは受信バッファの空き領域のサイズの変化である。先の Ack のルールでは Ack を返すときにはそのパケットの分のバッファが空いたことにしていた。これは，理解しやすいようにウィンドウが固定の 4 という大きさのままスライドしていくイメージとするためであったが，実際のバッファの空き具合は，アプリケーションにどのタイミングでバッファ中のデータがわたされるかに依存する。また，先に述べたように，すべてのパケットに対する Ack が返されるとは限らないので，実際の TCP では Ack を返すタイミングでのバッファの空きサイズが Ack と一緒に返される。つまり，バッファの全体の容量がウィンドウサイズの上限値となっており，実際にはウィンドウサイズが伸び縮みをしながらスライドしていく。このように受信側が空きバッファのサイズ，すなわち，その時点のウィンドウサイズを送信側に通知することで通信量をコントロールし，通信が破たんしないようにしている。データの流れを状況に応じて制御することからこれを**フロー制御**という。

ところで，実際のインターネットでは，エンドツーエンドの間のネットワークは他の通信にも用いられており，いま注目しているペアの通信だけに用いられているわけではない。したがって，他の通信の影響を受けるし，他の通信へ影響を与える。ネットワークが混雑しているときには，ウィンドウ制御のよう

に連続したパケットの送信を行うと混雑に拍車をかけてしまう恐れがある。そこで，TCP は**輻輳制御**をするしくみを持っている。輻輳とは混雑のことである。輻輳が起きているかどうかは Ack がタイムアウトするかどうかで判断する。

　輻輳制御でもウィンドウを用い，そのサイズを慎重に変更する。こちらは先のウィンドウとは別物で，輻輳ウィンドウと呼ばれ，そのサイズを送信側が調整する。具体的には通信を開始する際に，送信側は輻輳ウィンドウを 1 パケット分に設定する。送信の際は輻輳ウィンドウの大きさと，受信側から知らされたウィンドウサイズの小さいほうに合わせて送信を行う。したがって，通信開始時は 1 パケットの送信のみを行う。これに対して Ack が返ってきたら，輻輳ウィンドウサイズを倍にする。このようにして徐々にウィンドウサイズを大きくしていく。これを**スロースタート**と呼ぶ。スロースタートの様子を図 **3.20** に示す。

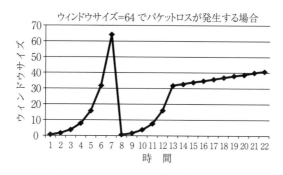

図 3.20　スロースタートと輻輳回避（TCP Tahoe）

　実際にはこれだけでは，倍々で輻輳ウィンドウサイズが大きくなっていき，輻輳が生じて Ack が返ってこなくなる恐れがある。そこで，途中から輻輳ウィンドウのサイズ変更を 1 パケットずつに変更して輻輳が起きないように慎重にウィンドウサイズを拡大していく（**輻輳回避**）。もし，Ack のタイムアウトが生じたら輻輳ウィンドウサイズを 1 に戻して再送信する。タイムアウトは送信側から見た再送信のためのしくみであるが，パケットそのものが届かない場合は受信側から見た再送信のしくみが必要である。これは**重複 Ack** という仕掛

けで実現される。受信側はあるパケットが届かずにつぎのパケットを受信した場合，最後に返した Ack と同じものを返す。これを重複 Ack といい，送信側は 3 回同じ Ack が返ってくると輻輳とみなし，届かなかったパケットを再送する（**高速再転送**）。以上のしくみを持つ TCP を **TCP Tahoe** と呼ぶ。

TCP Tahoe では輻輳が起きるとウィンドウサイズが 1 になるため効率が悪い。改良版の **TCP Reno** では，再送信の際には輻輳ウィンドウサイズを 1 にするのではなく，重複 Ack が起きた時点の輻輳ウィンドウサイズの半分程度にして再送信を行う。そして輻輳ウィンドウサイズを 1 ずつ増やしていく（**高速リカバリ**）。

このようにして，TCP は可能な限り最も効率よく送信が行えるように巧妙な調整を行う。効率がよいとは，単位時間あたりに送ることができるデータの量（これを**スループット**という）が多いということである。ウィンドウサイズが大きいほうがスループットが高くなる。フロー制御が受信側により調整されるのに対して，輻輳制御は送信側が調整することに注意しよう。

TCP は論理的な「回線」を実現する。これを**コネクション**という。インターネットはパケット通信網であるから，電話のように初めに回線を確立して電話を切るまでそれを使い続けるような通信には本来向いていないが，論理的にそのような通信路をつくり，上位のアプリケーションに対して提供する。これによりアプリケーションは細かいことを気にせずに，回線に対してデータを送り出し，回線からデータを取り出すという単純化した通信モデルを利用できる。このために TCP は **3 ウェイハンドシェイク**と呼ばれる方法で回線を確立し，回線を切断する際にもやや複雑な手順を必要とする。

〔2〕 **UDP**   一般的に，TCP を用いて通信を行うと，上記のような信頼性を高めるための処理が行われるため，通信のスピードをあまり高められない。これに対し，現在のケーブルや通信機器の信頼性は飛躍的に向上したため，TCP ほどの処理をしなくとも通常の通信に支障をきたすことは少ない。そこで，現在では IP に対して**チェックサム**による検証などの若干の処理を追加するだけの UDP もよく用いられるようになっている。UDP はコネクション

レスで処理が少ないため，高速通信に向いており，音声や動画を扱うアプリケーションでよく用いられている。この場合，信頼性を高めるための処理は，アプリケーション自身で行う必要がある。

また，UDP はブロードキャストや**マルチキャスト**に対応することができる。マルチキャストとは，通常の1対1の通信（**ユニキャスト**という）と1対全のブロードキャストの中間の通信形態で，1対「特定の複数」の通信である。

〔3〕 **ポート番号** トランスポート層にはもう一つ重要な役割がある。それは TCP や UDP を用いて通信を行うプログラムを識別することである。例えば，ある IP アドレスを持つコンピュータがあり，その上で Web のサーバと電子メールのサーバが動いているとしよう。サーバについては3.4節で説明するが，サーバもプログラムであるので，同一のコンピュータ上で二つ以上のサーバが稼働することができる。さて，このコンピュータ上の Web サーバへ他のコンピュータからアクセスするとき，Web サーバをどのように指定したらよいだろうか。IP アドレスを用いるのは当然であるが，IP アドレスはそのコンピュータを識別しているのであり，そこで稼働しているプログラム（**プロセス**）まで識別することはできない。

そこで**ポート**（port）という考え方が導入された。ポートは稼働しているプログラムへの論理的な接続口である。そして，各ポート（プログラム）を識別するために番号を用いる。これをポート番号という。ポート番号にはあらかじめ用途が決まっていて予約されている範囲と，自由に使ってよい範囲がある。前者は**ウェルノウンポート**（well-known port）と呼ばれ，サーバ用に使われる。慣習的に，例えば Web サーバは80番を使用するなどのルールが決められている。したがって，Web サーバにアクセスしたい場合は，それが稼働するコンピュータの IP アドレスと80番というポート番号を指定してアクセスすればよい。アクセスされたサーバ側のコンピュータでは，このアクセスはまずOS が受け取り，ポート番号を調べて Web サーバへ取りつぐ形になる。

サーバからデータを返す際にも同じことがいえる。すなわち，アクセスしてきたコンピュータ上でも複数のプログラムが動いているので，そのうちのどれ

に対してデータを送ればよいのか指定する必要がある。そこで，実際にはアクセスする側のコンピュータで，アクセスを行うプログラムに対してあらかじめポート番号を割り当て，その値をパケットに含めて送信する。このポート番号はウェルノウンポート番号である必要はなく，その他の範囲から，そのときに使われていない番号を OS が選んでプログラムに対して割り当てる。サーバはアクセスを受け取ったときに相手のポート番号もわかるので返信の際に困ることはない。このように，実際には通信をする二つのコンピュータ上の二つのプログラムは IP アドレスとポート番号の対を用いてたがいを識別する。この様子を図 3.21 に示す。

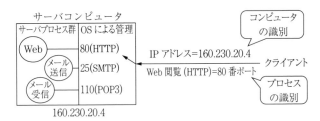

図 3.21　ポート番号によるプロセスの識別

3.3　LAN とインターネットの接続

　会社や大学などの組織内の LAN をインターネットに接続する場合，実際にはもう少し考慮すべき点がある。ここではそれらについて説明する。

　〔1〕　**ファイヤウォール**　　**ファイヤウォール**（firewall）は「防火壁」のことである。組織内のネットワークと組織外との境界に設置され，外部からの侵入を防ぐ目的で利用される。ネットワーク階層のどの部分で機能するか，あるいはその実現方式などにより，さまざまな種類がある。コンピュータ上のソフトウェアとしても実現できるが，専用ハードウェアとして提供される製品もある。

　〔2〕　**プライベートアドレス**　　インターネットと直接通信しないネットワークで TCP/IP を利用する場合，インターネットで利用可能な IP アドレス

（**グローバルアドレス**という）の割当てを受けるのは必ずしも必要ではない。グローバルアドレスの割当ては，通常は接続業者（ISP）を通してなされるため，ISP との契約が必要であるし，ネットワークの規模が大きい場合，IP アドレスを必要とする機器の数だけグローバルアドレスを割り当てることが困難な場合もある。例えば，個人（家庭）で ISP と契約すると，通常，グローバルアドレスは 1，2 個しか提供されない。しかし，家の中では IP アドレスを必要とする機器は増える一方であるから，これでは到底アドレス数が足りない。そこで，このような場合は，**プライベートアドレス**と呼ばれる，自由に使ってよい IP アドレスを利用することができる。プライベートアドレスはそのアドレス範囲が決められており，それに従って使用する必要がある。また，自由に使ってよいアドレスであるため，他の組織でも同じアドレスを使っている可能性は高い。したがって，プライベートアドレスを持つパケットがインターネットには送出されないように気をつけなければならない。このため，つぎに述べる NAT や 4 章で述べる Web プロキシなどが利用される。

〔3〕 **NAT**　**NAT** は network address translation の略で，IP アドレスを変換する機能，あるいはその機能を有する機器やコンピュータを意味している。具体的には，NAT は組織内のプライベートアドレスを持つコンピュータからのパケットを受け取り，組織外で利用できるグローバルアドレスに付け替えてインターネット側へ送り出す。このグローバルアドレスは NAT を行う機器につけられる。インターネットにプライベートアドレスでアクセスすることは許されないため，このような変換を行う。インターネット側から返事のパケットが戻ってくるときには NAT 機器へのパケットとして戻ってくるため，NAT 機器が再びそのパケットのアドレスを，もともとアクセスしてきた内部のコンピュータのプライベートアドレスに付け替えてこのコンピュータへ配送されるようにする。内部のコンピュータは数多くあるのに対して，NAT 機器のグローバルアドレスは一つのみであるため，実際にはポート番号を割り振ることで内部のコンピュータを区別する。したがって，NAT は厳密には NAPT（network address port translation）である。

3.4　サーバとクライアント

　インターネットやスマートフォンの利用者が増え，**サーバ**という言葉も一般社会でも使われるようになってきた。本節ではサーバおよびそれと対になる**クライアント**について説明する。

　クライアント・サーバモデル（client-server model）とは，分散処理の形態の一つである。分散処理とは，すべての処理を 1 台のコンピュータで行うのではなく，ネットワークでつながれた複数のコンピュータで協力して行うことである。協力の仕方により，クライアント・サーバのほかに**ピア・ツー・ピア**（peer to peer, **P 2 P**）などの形態もある。

　server とは「serve する者」すなわち，サービスの提供者である。client は「お客さん」つまり，サービスの提供を受ける者である。クライアント・サーバモデルでは，対象とする処理のうち，共通的で高い処理能力が必要とされる部分をサーバが担当し，ユーザの直接的な操作に対応する部分をクライアントが担当する。例えば，Web でいえば，Web サーバは提供可能なデータをすべて保持していて，クライアントの求めに応じてホームページの文面や写真などのデータを提供する。Web のクライアントは Web ブラウザである。Web ブラウザはユーザの求めに応じてサーバにデータの提供を依頼し，受け取ったデータを美しくフォーマットしてユーザが見やすい形で表示する。この様子を**図 3.22** に示す。

図 3.22　サーバとクライアント

　なお，サーバとは本来，その機能を提供するプログラム（プロセス）のことを指すが，それが稼働しているコンピュータをサーバと呼ぶことも多い。クライアントについても同様である。

3.5   名前とドメイン

IP を用いたネットワークでは，コンピュータは IP アドレスを用いて識別されるが，番号の羅列は人間にとってはわかりにくい。そこで，IP アドレスと名前の対応表をつくり，人間にとって都合のよい名前でコンピュータを識別することが考えられた。当初，この表は各コンピュータに同一のものを配布して特定の方法で参照して利用していた。台数が少ないうちはこのような手法が可能であったが，インターネットに接続するようになると，コンピュータの数は膨大になり，つねに新たなコンピュータが加えられたり，取り外されたりするようになったため，人間が表を管理して配布する方式では対応できなくなった。

〔1〕 **階層ドメイン**   代わって考案されたのはインターネットの世界を階層的に名前付けし，その管理を複数のサーバで分担して行う方式である。階層化は分担にとっても都合がよい。この名前付けの方式は**階層ドメイン方式**と呼ばれる。まず，最も上位の階層を**トップレベルドメイン**（**TLD**）と呼ぶ。TLDは大きく二つに分けられ，その一つをコンピュータが接続されている国の名前を短縮形で使用する**国別トップレベルドメイン**（**ccTLD**）と呼ぶ。例えば，日本は jp，英国は uk，中国は cn，アメリカは us である。もう一つの TLD は.com や .net などの**分野別トップレベルドメイン**（**gTLD**）と呼ばれる。つぎの階層は**セカンドレベルドメイン**（**SLD** または **2LD**）である。日本におけるccTLD の SLD としては，大まかに 3 種類ある。（1）営利企業を表す co，大学や教育機関などを表す ac や ed，政府系の組織の go，グループを表す gr，それ以外の組織の or などの属性型 jp ドメイン，（2）tokyo などの都道府県型・地域型 jp ドメイン，そして，（3）東京工科大学.jp などの汎用 jp ドメインが用いられている。国際化ドメイン名として日本語も用いることができる。一方，gTLD は段階的に増やされてきたが，2012 年の 3 回目の新 gTLD の導入により，**スタンダード gTLD**，**コミュニティベース gTLD**，**地理的名称 gTLD**などに分類される gTLD が大量に増えている。スタンダード gTLD には .canonなどの企業名の TLD が含まれるが，これらはブランド TLD とも呼ばれてい

る。これら2階層のドメイン名はドット（.）でつなげ，例えば，ac.jp のように，より小さいほうの階層から表記する。属性型 jp ドメインの場合，つぎの階層は会社や大学など組織の名称になっている。東京工科大学は teu.ac.jp である。それ以上の細かい階層分けは必須ではなく，組織内の管理体制により決めてよいことになっている。例えば大学では，研究室名．学部名．大学名．ac.jp となっている例が多い。そして，この階層的な名前付けの最小単位はコンピュータそのものにつける名前である。これを**ホスト名**という。したがって，あるコンピュータのインターネットから見た正式な名前は

　　　ホスト名．ドメイン1．ドメイン2．ドメイン3．….トップレベルドメイン

となる。例えば，sirius.nm.ms.teu.ac.jp などである。この名前を **FQDN**（full qualified domain name）と呼び，これに対し，そのコンピュータに割り当てられた IP アドレスを対応させて管理する。名前から IP アドレスを調べたり，その逆を行うことを**名前解決**という。**図3.23** に階層ドメインの例を示す。

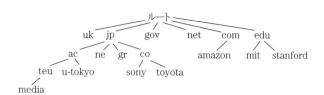

図3.23　階層ドメインの例

〔2〕 **DNS サーバ**　管理の仕方については，各階層に **DNS**（domain name system）**サーバ**というサーバを設置する。例えば，東京工科大学は teu.ac.jp　ドメイン配下の管理を行うサーバを設置・運用している。このサーバは　www.teu.ac.jp　などのホストの IP アドレスを管理しているほか，学内のドメイン（**サブドメイン**という）の管理をしている。同様に，日本国内には ac.jp ドメインを管理するサーバや jp ドメインを管理するサーバが設置・運用されている。ドメインが大きくなると1台のサーバだけでは処理できないので，複数台が分散して配置されている。さらにトップレベルドメインを管理す

るために**ルートサーバ**と呼ばれるサーバがあり，世界中に十数台が分散配置されている。重要なことはこれらの DNS サーバ自身がインターネットからアクセス可能であることである。そうでなければ，名前解決のための参照を行うことができない。このような管理体制にすれば，個々の DNS サーバは担当するドメインの管理だけを行うようにでき，管理する名前が膨大な数になるのを避けることができる。

では，**図 3.24** を参考に具体的に名前解決の様子を見てみよう。いま，ある人が PC を使って東京工科大学のホームページを見ようとしている。その URL は https://www.teu.ac.jp/ である†。Web ブラウザにこの URL を入力すると，PC の OS は実際のネットワークアクセスを行うため，このホームページを提供している Web サーバである www.teu.ac.jp の IP アドレスを知るために，知っている DNS サーバに問い合わせる。通常，ISP などと契約すると，DNS サーバの IP アドレスが知らされるので，それを OS に設定して利用する。

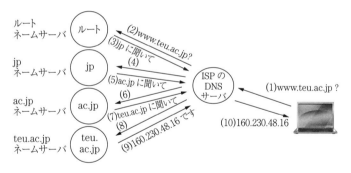

図 3.24 名前解決の様子

この DNS サーバはこの ISP が管理しているドメインを担当する DNS サーバである。したがって，www.teu.ac.jp のことは知らないかもしれない。そこで，自分で解決できない場合は DNS サーバはルートサーバに問い合わせる。このために，DNS サーバの管理者はルートサーバの情報を，自分が管理するサーバに登録してある。ここから先は再帰的に問合せが繰り返される。ルートサー

---

† 本書で紹介している URL は 2022 年 1 月現在のものである。

バは jp ドメインの DNS サーバを教えてくれる。jpドメインのサーバは ac.jp ドメインのサーバを教えてくれる。このようにして，ac.jpドメインのサーバにたどり着くと，このサーバは teu.ac.jp が東京工科大学であることと，その DNS サーバの IP アドレスを知っているので，東京工科大学の DNS サーバにアクセスすることができ，最終的に teu.ac.jp を管理する東京工科大学の DNS サーバが www.teu.ac.jp の IP アドレスを答える。このようにして IP アドレスが得られた後，この人の使っている PC の OS が IP アドレスを使ってネットワークアクセスを行う。

名前解決の原理を説明するために上記のような説明をしたが，毎回のアクセスでいつもこのような問合せをしていると時間がかかるうえ，それだけでネットワークの混雑を生じてしまう。そこで，実際には一度問い合わせて解決した名前と IP アドレスの組合せは，しばらくは，この例でいうと ISP の DNS サーバに保持され，つぎに問合せがあったときには，すぐに答えられるようになっている。名前と IP アドレスの対応付けはその組織の管理者にゆだねられているため，変更されることがある。したがって，このような一時的な情報の保持には有効期限が設けられており，定常運用では 1 日程度に設定されていることが多い。頻繁に名前の変更や追加が行われる DNS サーバでは短く設定されることもある。

演 習 問 題

〔3.1〕 ネットワークでの通信形態の一つであるマルチキャストは，ユニキャストやブロードキャストに比べてどのような利点を持っているか。

〔3.2〕 インターネットのルーティングではルータ内に経路表がつくられる。経路表はメモリ内で実現されているので，表に登録することができる経路の数には上限がある。上限を超えた後は新たな経路が登録できないためルーティングに支障が生じる。このようなことが起きにくくなるように行われている工夫は何か。

〔3.3〕 ポート番号が必要な理由について，ネットワーク通信における OS の役割を考慮して述べなさい。

4章 インターネット上のサービス

◆ 本章のテーマ

インターネットではさまざまなサービスが提供されている。本章では，それらのうち，代表的ないくつかのサービスを取り上げ，そのしくみについて解説する。

特に，インターネットの爆発的な普及の引き金となった World Wide Web（WWW）のしくみや関連技術については重点的に説明している。また，WWW の発明前から利用されていた電子メールや，この 10 年ほどの間に劇的に普及が進んだ音声や映像の伝送・配信技術についても触れる。

◆ 本章を学ぶと以下の内容をマスターできます

☞ 現在のインターネット上のサービスの基盤となる各種技術

☞ 特に多くのサービスの基盤となっている WWW の技術

☞ WWW 上のいくつかのサービス

☞ 通話や動画配信などのリアルタイムサービスの技術

☞ 効率的なコンテンツ配信のための技術

4.1   World Wide Web

World Wide Web（**WWW**）はインターネットの利用者に最も利用されているサービスの一つである。WWW は 1990 年代初頭にイギリス人科学者のティム・バーナーズ＝リー（Sir Timothy Berners-Lee）らにより発明された。彼はのちに，その功績により英女王からナイトの称号を与えられ，Sir の敬称を許されている。また，2016 年には WWW の発明により計算機科学の分野のノーベル賞と呼ばれているチューリング賞（ACM Turing Award）を受賞している。WWW の基本は**リンク**をたどって次々と情報を参照することができる**ハイパーテキスト**（hypertext）をインターネット上で実現し，世界規模で所在の異なる情報に次々とアクセスできるようにしたものである。ハイパーテキスト自体は古くからあった概念であるが，WWW は事実上，最も有名で普及したハイパーテキストのシステムである。ハイパーテキストの概念を**図 4.1** に示す。

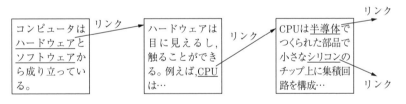

図 4.1　ハイパーテキスト

WWW はクライアント・サーバモデルで構築される。クライアントは Web ブラウザである。WWW の発明から少し遅れて開発された Mosaic という Web ブラウザの操作が非常に簡単でオープンソースであったため，Mosaic および WWW は研究者の間で爆発的に普及した。一般の人に WWW が認識され普及するのは，1995 年に Microsoft の Windows 95 が発売され，PC でも TCP/IP を利用可能になったこと，すなわち，インターネットに接続可能になったことと，同社の Web ブラウザソフトウェアである Internet Explorer が無償で添付されていたことが大きい。この時期を境にインターネットおよび WWW が研究者の

世界のものから，広く一般の人が利用するものへと変貌を遂げたことになる。

　WWW を構成する主要な要素は，情報の所在の示し方を規定した **URI**（uniform resource indicator），サーバとクライアントの間の通信ルールを規定した **HTTP**（hypertext transfer protocol），情報の表現方法を規定した言語である **HTML**（hypertext markup language）である。技術が普及し世界中で同じように利用したり，相互に接続したりできるようにするためにはオープンで標準化されている必要がある。先の三つの要素を含む Web の技術は，現在はWorld Wide Web Consortium（W3C）で標準化され，改良が続けられている。以降，これらについて順に説明する。なお，一度のアクセスで Web ブラウザ上に表示される単位を **Web ページ** と呼ぶ。また，ひとまとまりの事柄について複数の Web ページにより構成された情報の集合は **Web サイト** と呼ばれる。**ホームページ** は Web サイトのうち，最初にアクセスされるべきインデックスなどを収めたものである。したがって，Web ページのことを何でもホームページと呼ぶのは誤りであるという考え方もあるが，長期にわたり誤用が広まったため一般の Web ページをホームページと呼ぶことも是認されている。関係を**図** 4.2 に示す。これを踏まえ，本来の意味のホームページのことをトップページと呼んで明示する場合もある。

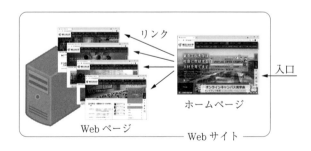

リンク

入口

ホームページ

Web ページ

Web サイト

図 4.2　ホームページと Web サイト

　例えば，自動車の会社で考えると，その会社でつくっている車種ごとの紹介は普通，おのおの Web ページとして制作される。そのほかに会社の組織や各種データ，採用情報などの Web ページも含め，この会社の公開している情報

のWebページの集合体がこの会社のWebサイトである。そして，情報を閲覧するためにこのWebサイトを訪れたユーザが最初にアクセスするWebページがその会社のホームページである。そこには，製品（この例では各車種など）へのリンクや，会社の情報などへのリンク，メニューなどが表示され，その時々に最も発信したいメッセージや新製品の紹介などとともに，訪れたユーザが知りたい情報に容易にアクセスできるようなインデックスが用意されていることが多い。

4.1.1 Web ブラウザ

ブラウザとは browse，すなわち，情報を閲覧するためのソフトウェアである。Web ブラウザは Web の情報を閲覧するために用いられる。Web ブラウザは情報を取得するためのリクエストを Web サーバに送り，得られた情報を適切にフォーマットして表示する。この情報は HTML で記述されたものが受信されるので，Web ブラウザは HTML を解釈し，その指定に沿った表示を行っていることになる（この処理を**レンダリング**と呼ぶことがある）。Web ブラウザにはさまざまなものがあるが，基本的には同じ情報は同じように表示される。しかし，HTML の仕様への対応の度合に違いがある場合があり，それに該当する情報では表示のされ方が Web ブラウザにより異なることがある。Web ブラウザの例を**図** 4.3 に示す。

図 4.3 Web ブラウザ（Google Chrome）

また，Web ブラウザはユーザの入力情報を HTTP に則ってサーバに送る役割を持つ。例えば，ユーザ登録画面では氏名を入力したり，初期設定の選択を行う場合が多いが，Web ブラウザはこれらの情報をサーバに送るのに適切な形に整えて送出している。

Web ブラウザの本来の機能は，以上のような，WWW を利用するうえでの

ユーザインタフェースの役割であるが，サーバとクライアントの分業という面で見ると，クライアント側の処理としてほかにも仕事をしている。その一つは**JavaScript** などで記述されたプログラムの実行である。JavaScript は，HTMLで記述された Web ページの中に直接含めることができるプログラムで，このHTML を解釈する Web ブラウザで実行される。これにより，ユーザの選択に応じてプルダウンメニューの構成を変更したり，インターネット上のサービスを呼び出して利用したりすることができる。また，別の機能として，**プラグイン**と呼ばれるソフトウェア部品を Web ブラウザに組み込むことにより，新しいタイプの動画像を Web ブラウザ上で直接再生したり，HTML 文書以外の形式の文書を表示するなどの機能拡張ができる。この動画再生や文書の表示はサーバ側で処理された結果を表示しているのではなく，Web ブラウザの動作しているコンピュータ上で処理が実行される。そのほかに現在の Web ブラウザでは，クッキー（cookie）やプロキシ（proxy），セキュリティ保持のための各種設定などができるようになっている。クッキー，プロキシについては4.1.6項で説明する。

4.1.2 Web サ ー バ

Web サーバの役割は，各種情報を保持し，クライアントである Web ブラウザの求めに応じて必要な情報を提供することである。初期の Web サーバはあらかじめ用意されたテキストなどの静的なデータを扱っていたが，**CGI**（common gateway interface）と呼ばれるしくみにより，ブラウザ側からサーバに向かってデータを送ることができるようになると，これを用いてアクセスカウンタやコメントを残す機能などが実現され，広く使われるようになった。しかし，CGI プログラムは Web サーバと同一コンピュータ上で動作する独立したプログラムであり，アクセスがあるごとに起動・実行・終了する。これはWeb サーバプログラムが稼働するコンピュータに負荷をかけるため，アクセスするクライアントの数が増えていくとサーバの性能が著しく低下するのが難点であった。そこで，サーバ自体にプログラムの**モジュール**として組み込む形

の技術が開発された。これにより CGI のプログラムが担っていた役割がサーバと一体化したため，アクセスごとに起動・実行・終了する**オーバヘッド**（本来の処理以外に必要となる負荷や時間）はなくなった。しかし，本来，情報の提供を目的としている Web サーバに，動的な結果を返すような複雑な処理を実行させるのは，システム全体の見通しや保守性を低下させることにつながった。

その後，この問題は **Web アプリケーション**という形で解決された。Web アプリケーションでは，Web ブラウザと Web サーバによりユーザインタフェースを構成する「プレゼンテーション層」，内部の処理部分を担う「アプリケーション層（ロジック層）」，バックエンドで稼働するデータベースの「データ層」の **3 階層システム**となっている。プレゼンテーション層では Web ブラウザ側の **JavaScript** などのほか，Web サーバ側では **Java Servlet** や **JSP**（java server pages）などの技術が用いられる。アプリケーション層では **JavaBeans** などが用いられ，この層だけで機能の追加や変更，能力の増強が行える。Web アプリケーションはショッピングサイトなどの構築に利用されている。詳しくは 9.1 節を参照のこと。

4.1.3 URI と URL

WWW の世界の中で，目的の情報（資源）がどこにあるのかを示すのが **URL**（uniform resource locator）である。URL はつぎに述べるように，情報を移動させれば変化する。一方，資源に対し，永続的で一意な名前を付ける考え方があり，これを **URN**（uniform resource name）と呼ぶ。**URI**（uniform resource identifier）はこれらの二つを包含する，より上位の概念である。技術書や RFC などでは URI を用いた説明を見かけるが，一般的には URL のみが用いられていることが多い。

URL（URI）では資源へのアクセス方法や種類を表すスキーム名と，スキームごとに定められた書式で表された資源の場所の情報をコロンでつなげる。例えば，https://www.teu.ac.jp/lib/index.html という URL（URI）では，https がスキーム名で，//www.teu.ac.jp/lib/index.html が（https というスキームに

おける）資源の場所を表している。

4.1.4 HTML

HTML は情報を記述するための言語である。**タグ**と呼ばれる目印を用いて情報をファイルに書き込んでいく。HTML のタグには大きく分けて 2 種類がある。すなわち，文書の構造を示すためのタグと，表現を規定するためのタグである。前者には文書を複数のパラグラフの集合として扱うためのタグや見出しのためのタグなどがある。一方，後者には文字のサイズや書体，フォントなどを変更したり，箇条書きや表などの表現方法を規定するタグなどがある（**図 4.4**）。一見，「大きな文字で太字の書体」などの同様の結果が得られるタグでも，見出しのタグを用いている場合と，サイズや書体の指定を明示した文字列では意味が異なる。

```
<body>
 <h1> ペペロンチーノのつくり方 </h1>
 <ol>
  <li> たっぷりのお湯で麺 150g を…</li>
  <li> フライパンにバターを溶かし…</li>
  <li> アルデンテの状態で…</li>
 </ol>
</body>
```

図 4.4 HTML のタグの例

HTML も開発当初から改定が繰り返されており，2021 年現在での最新バージョンは **HTML Living Standard** であるが，HTML 5 と大差ないと考えてよい。また，表現に関する部分は現在では**スタイルシート**（cascading style sheet：CSS）としてまとめることができ，スタイルシートを変更すると，Web ページの見ためのスタイルを統一的に変更することができる。したがって，これを積極的に使用して Web ページを記述することが推奨されている。

4.1.5 HTTP

HTTP は Web サーバとクライアントである Web ブラウザとの間で，情報をやり取りするための規約（プロトコル）である。HTTP は WWW というアプリケーションのためのプロトコルであるためアプリケーション層に位置し，2021 年現在では HTTP / 1.1 が RFC 7231 ～ RFC 7235 で規定されている。**RFC** とは request for comment のことであるが，インターネットの世界ではさまざまな

規格はオープンな議論により決められるため，ある程度まとまった段階で RFC という形で公開される。修正を経ることもあるが，RFC となった段階で「事実上の標準」として扱われることが多い。通常，HTTP はトランスポート層としては TCP を使用する。また，HTTP を示すポート番号としては慣習的に 80 番が用いられている。

HTTP では Web ブラウザ側がはじめに**リクエスト**を送り，それに対してサーバが**レスポンス**を返して通信が終わる。リクエストではその内容がメソッドを用いて示される。レスポンスではリクエストに応じたデータ（Web ページ）が返される。リクエストにもレスポンスにも本来の通信内容のほかに**ヘッダ**と呼ばれる情報が先頭に付加される。ヘッダにはサーバやクライアントの種類，通信の日時情報，クッキーなどが含まれる。リクエストは成功するとは限らないので，レスポンスのヘッダでは最初にリクエストが成功したのか失敗したのかなどを示す番号が示される。Web ページを参照しようとしたところ

   Error : 404 Not Found.

などが表示されて見ることができなかったということは多くの人が経験しているだろう。この 404 というのはエラーの番号の一つで，リクエストされたコンテンツがそのサーバには存在しない，ことを示している。

HTTP のバージョン 1.0（HTTP/1.0）ではつぎの五つの**メソッド**が定義されている。これらはいずれもクライアント側が指定する。

  GET ：指定した情報（ファイル）の取得を依頼する
  POST ：データをサーバに送信する
  PUT ：指定した情報（ファイル）をサーバに送信する
  HEAD ：GET と同様だが，サーバはレスポンスのヘッダのみを返す
  DELETE：指定した情報（ファイル）を削除する

HTTP/1.1 では，さらに三つのメソッドが追加されているが，現在使われているメソッドのほとんどは GET と POST である。

HTTP の改良版としては，2015 年に登場した HTTP/2（RFC 7540），標準化が進められている HTTP/3（HTTP over QUIC, draft-ietf-quic-http-16）があ

る。HTTP/2 は圧縮技術の導入や多重化により高速化を図っている。HTTP/3 は現在インターネットドラフトという RFC になる前の状態であるが，Google が開発し標準化された QUIC（RFC 9000）というトランスポートプロトコルを用いて，さらに高速化している。これらはともに HTTPS を前提としている。

4.1.6　WWW に関するそのほかの技術

〔1〕 **HTTPS**　　HTTP は通常の文字（**テキスト**）を使って通信を行っている。すなわち人間が見て理解できる形式である。ということは，通信を傍受されればその内容もすべて知られてしまうということである。通信内容を人間が直接は理解できない形式（**バイナリ**など）に変換して通信するという選択肢も考えられるが，逆変換により元に戻す方法が知られてしまうと意味がない。そこでパスワードやクレジットカード番号などの秘密にしたい情報を送る際には暗号化が行われる。暗号化も一種の変換であるが実用的な暗号化では，第三者が簡単に復号化して元の情報の内容を知ることはできないので安全である。

　これを実現しているのが **HTTPS** である。2021 年現在では RFC 2818（HTTP Over TLS）で規定されている。

　初期の暗号技術である **SSL**（secure socket layer）は Netscape Communication（現米 Yahoo!）が自社のブラウザに取り入れた暗号技術で，改良を加えられながら普及し，SSL 1.0 から SSL 1.3 までの規格が用いられたが，その後，**IETF**（internet engineering task force）により標準化された同様の技術である **TLS**（transport layer security）にとってかわられた。TLS は 2021 年現在では RFC 8446（TLS version 1.3）で規定されている。HTTPS は TCP を用い，通常，ポート番号は 443 である。

　〔2〕 **クッキー**　　**クッキー**（**cookie**）は Web ブラウザと Web サーバの間でやり取りされる小さな情報である。先に述べたように，HTTP は状態を持たず，一度のリクエストとレスポンスで通信が完結し，この通信はそのあとに行われるリクエスト-レスポンスに影響を与えない。しかしこれでは，例えば，オンラインショッピングの際のように，同一人物（PC）がショッピングサイ

トにおいて商品選択から配送の指定，支払いまでの一連のやりとりを行うことによって処理が完結するような流れを構成することができない。そこで，WWW の草創期に Web ブラウザを無償公開していた Netscape Communications が自社の Web ブラウザにクッキーの処理機能を付加したのが始まりで，その後急速に広まり，現在では標準技術になっている。2021 年現在では RFC 6265 として規定されている。

ブラウザとサーバの間で一連のやり取りが行われる際は，最初にサーバからレスポンスが返されるときにそのヘッダ中にクッキーが含められる。クッキーの実際を**表 4.1** に示す。ブラウザはその情報を保存し，つぎにサーバにリクエストを送る際に同じクッキーをヘッダに含めて送信する。これにより，サーバでは，今回のリクエストが前回の通信の続きで

表 4.1 クッキー

NAME	session-id
VALUE	378-3857779-4707352
DOMAIN	amazon.co.jp
PATH	/
EXPIRES	2036/01/01 0:00:01

注） amazon.co.jp にログインした際の
クッキーの一つ

あることが認識できる。クッキーには有効期限がある。ブラウザを終了すると期限切れとなる場合が多いが，なかにはそれより早く期限を設定したり，つぎにブラウザを起動した際にも有効期限内であるように長期に設定することもできる。一般に，有効期限を短く設定すると，本来のユーザが席を離れたりしている間に第三者がブラウザを操作して注文したりすることを防ぎやすいため，安全性が高まる。

〔3〕 **プロキシ**　プロキシ（proxy）とは「代理人」という意味である。会社などの組織では組織内のネットワークと組織外への接続の境界点にファイヤウォールが設置されていたり，内部のネットワークはプライベートアドレスで構成されていて，直接組織外のサイトとの通信ができない場合がある。このような際，内部から外部へのアクセスを実際の内部のコンピュータに代わって（代理で）実行するコンピュータを設置することにより解決する方法がある。

この代理となるコンピュータ，あるいはその上で実際の代理の役割をするソフトウェアを**プロキシ**（**プロキシサーバ**）という。内から外へ，外から内への双方の通信がプロキシを通過する。プロキシの概念を**図4.5**に示す。

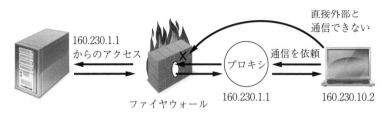

160.230.1.1
からのアクセス

直接外部と
通信できない

プロキシ

通信を依頼

ファイヤウォール 160.230.1.1 160.230.10.2

図4.5 プロキシの概念

この概念はHTTP以外にも適用可能だが，現在では特に断りのない限り，プロキシといえばHTTPのプロキシを指す。プロキシを利用するにはWebブラウザの設定でそれを指定する必要がある。プロキシのメリットはユーザにとっては対外アクセスができることのほかに，プロキシが**キャッシュ**機能を併せて持っていれば，対外アクセスが高速になる場合があることである。すなわち，組織内で一度誰かがアクセスしたWebページの内容は必ずプロキシを通過しているため，そこで，それを保存しておけば，つぎに同じWebページへのアクセスがあった場合に，外部と通信を行わなくともプロキシのキャッシュに保存しておいたコンテンツを返すことで，レスポンスを速めることができる。ただし，キャッシュの内容はオリジナルサイトのある時点のコピーであり，時間の経過とともにオリジナルのほうが更新され，実際とは異なった内容になっている場合があるため，注意が必要である（これはブラウザに備わっているキャッシュ機能でも同様である）。

一方，ネットワークの管理者にとってのメリットは，組織内から外部へのアクセスの状況を把握したり，接続先にフィルタを設定したりできるほか，実際に対外通信をするコンピュータをプロキシに限定できるため，セキュリティ対策をしやすいことが挙げられる。

4.2   Web 上のサービス

4.2.1 ブ　ロ　グ

ブログ（blog）は "Web" に「記録」を意味する "log" を付加した Weblog を縮めてつくられた造語である。従来の Web ページは HTML で記述された固定的な内容を，おもに手元の PC などで定期的に書き換えたり加筆してアップロードすることで更新されていた。これに対し，テンプレートを用いて定型的なページをつくることができるシステムを導入することにより，日記的な内容やトピックごとのページを素早くつくって追加していくことができるようにしたサービスがブログである。ブログの更新はブログサイトへのアクセスによって行うため，携帯電話やスマートフォンからの更新も容易である。これらの機器はカメラ機能を備えているため，写真とともに手軽に投稿を追加して楽しむ人が多い。

ブログの開設者（投稿者）は**ブロガー**と呼ばれる。ブログには，記事を読んだ人が**コメント**を投稿する機能や記事の良し悪しを投稿する機能が備わっていることが多い。評判の良いブログには固定の「読者」がつき，大量の読者を抱えるブロガーの発言は社会的な影響力さえ持っている。ブロガーは，その所属している社会的な組織を離れた個人の立場で発言することが多いが，発言の内容をめぐって読者から激しい非難を受けることがある。これは俗に**炎上**と呼ばれるが，謝罪が受け入れられず，ブログを閉鎖することになるケースもある。

4.2.2 Wiki

ウィキ（**Wiki**）は Web ページの内容を簡単に書き換えることができる Web サイトのシステムである。Web ブラウザを用いてページを閲覧している最中に特定の**編集機能**へのリンクをクリックすることで，閲覧中のページの内容を修正・更新したり追加することができる。ブログのようにテンプレートを備えている場合もある。Wiki を用いた最も有名なサイトは **Wikipedia** であろう。Wikipedia は誰でも編集に参加できるという Wiki の特徴を利用して，インター

ネット上に百科辞典をつくる試みである。Wiki はブログとは異なり，時系列とは無関係にトピックごとにまとまった Web ページを複数人で作成・更新するのに向いているといえる。

4.2.3 掲　示　版

インターネットにおける掲示版は **BBS**（bulletin board system）と呼ばれ，インターネットの登場以前の**パソコン通信**の時代から存在している。掲示版には通常，不特定多数の人がアクセス可能で投稿もできる。特定のトピックに対しての投稿が時系列で表示されていくのが特徴で，その流れをスレッドと呼ぶ。つまり，トピックごとに**スレッド**が用意されるのが普通である。投稿に際して実名を求められる掲示版もあるが，多くの掲示版では匿名で投稿できる。このとき用いる仮の名前を**ハンドル**あるいは**ハンドルネーム**と呼ぶ。あまりに長いスレッドは見るのに不都合なため，投稿数の上限を設け，それに到達すると別のスレッドを用意して話が続けられることが多い。文字だけでなく，画像を投稿する掲示版もある。「5 ちゃんねる（旧 2 ちゃんねる）」は 2021 年現在，日本で最も有名で最大規模の掲示版である。

4.3　電子メール

電子メールはインターネットの草創期から利用されてきた最も基本的なアプリケーションの一つである。文字を基本として，あるユーザから別のユーザへメッセージを送ることができる。電子メールの仕様についてはいくつかの標準規格で定義されている。

電子メールは携帯電話でも利用できるが，ここでは PC を用いることを前提として説明する。メールの処理を流れで考えると，概略としてつぎのようになる。

・送信者であるユーザがメール本文を作成する。同時に受信者となるユーザの**メールアドレス**などを指定する。

・送信者が送信を行うと，メールはあらかじめ指定しておいた送信用のサー

　バに送られ，場合によってはいくつかの中継サーバを用いて受信者の利用
しているメールサーバまで届けられる。

・受信者はメールの到着後，任意のタイミングでそれをサーバから取り出し
て読むことができる。

　ユーザが直接操作する部分は PC にインストールされたメール用のソフト
ウェアを用いるか，同等の機能を Web 上のサービスとして実現しているサイ
トを利用する。これを **Web メール**と呼ぶことがある（9.3 節参照）。携帯電話
における電子メールも同様のしくみであるが，携帯電話では受信者の端末まで
メールが直接届けられるのに対して，PC で利用するメールでは受信者がサー
バにアクセスしてメールを取り出すところが大きな違いである。携帯電話では
メールアドレスと端末，利用者の関係が一意に定まっている（キャリアメー
ル）ため端末まで届けることができるが，PC を利用する場合は，PC を複数の
ユーザで共用していたり，ユーザが複数の PC を利用していることが想定され
ているためである。スマートフォンでは PC と同様の利用法となるが，アプリ
により端末まで届けられたのと同様に見えるものもある。

　メールの配送には **SMTP**（simple mail transfer protocol）と呼ばれるプロト
コルが用いられる。このプロトコルは送信者がメールを送信するときから，受
信者のメールサーバに届けられるところまでを受け持つ。受信者がメールを取
り出す際には **POP 3**（post office protocol - version 3）や **IMAP 4**（internet
message access protocol - version 4）が用いられる。POP と IMAP では受け取っ
たメールの管理方法が異なる。通常，これらの，メールを送り出すためのサー
バや受け取り時に取り出すためのサーバはメールソフト等で指定する。

　電子メールの規格について触れておく。メールのフォーマットについては
RFC 822 として最初に定義されたものが，改定版の RFC 2822 を経て 2021 年
現在では RFC 5322 となっている。この RFC では日付，時刻，メールアドレ
ス，本文などの書式を定義している。メール送信のプロトコル SMTP は，改
良を経て現在では RFC 5321 で定義されている。受信者がメールを取り出す際
の POP 3 は RFC 1939，IMAP 4（rev. 1）は RFC 3501 で定義されている。

4.4 IP 電 話

4.4.1 IP 電話の種類

IP 電話とは IP 技術を用いた音声データの伝送により実現される電話を指す。**VoIP**（voice over IP），インターネット電話などの呼び方もあるが，これらは概念としては図 4.6 のように包含関係にあるととらえることができる。しかし，言葉としては明確に区別されずに用いられることも多い。

図 4.6 IP 電話の種類

VoIP は IP 上でリアルタイムに音声データを送受信する技術全般を指す。音声はデジタルデータ化され，圧縮されてパケットに分割される。データの伝送には **RTP**（real-time transport protocol, RFC 3550）が用いられる。トランスポート層のプロトコルとしては UDP が用いられる。IP はリアルタイムの通信を指向して設計されていないため，パケットごとに伝送にかかる時間が異なってしまう「ゆらぎ」が生じることがある。このため受信側で小容量のデータ置き場であるバッファを用意してこれを吸収する。狭義には VoIP 自体は電話として機能するために必要な**シグナリング**に関する機能を含まないが，広義にはそれらを含んだ電話技術を指すことが多い。

IP 電話は IP 技術を用いるが，インターネットのような公衆網ではなく，事業者が持つ専用の IP 網を利用する。電話としてサービスするために，本来 IP 技術には含まれていないシグナリングの機能，すなわち，電話番号に基づいて電話を発信したり，切ったりする機能が必要となる。このためには **SIP**（session initiation protocol, RFC 3261）が用いられることが多い。

インターネット電話は，その名のとおり伝送路としてインターネットを用いる。特定の通信事業者のサービスではないため，発信者と着信者の双方がインターネット電話を利用し，固定電話網などの接続を必要としない場合は通話の料金はかからない。

4.4.2 無料通話アプリ

Skype（スカイプ）はルクセンブルクのスカイプテクノロジーが開発したサービスで，P2P技術（11.3節参照）を用いてインターネットを通じて通話，ビデオ通話，ビデオ会議などができる。同社は2011年にMicrosoftに買収されたので，現在では同社のサービスとなっている。PCのほか，各種ゲーム機やスマートフォン向けにもアプリを提供しており，幅広い機器で利用可能になっている。

クライアント・サーバ方式のチャットツールやSNSには通話機能を持つものもある。なかでも**LINE**は代表的なものの一つで，スマートフォンユーザを中心に非常に多くのユーザを抱えており，インフラ化している。

これらのサービスの特徴は，PCのアプリケーションやスマートフォンのアプリとして事業者が無償でソフトウェアを配布しており，ユーザは登録さえすれば，通話料も無料で利用できることである。また，携帯電話や固定電話向けには有料で発信できるようになっている場合がある。

4.4.3 050番号と品質

050番号とはIP電話に対して総務省により割り当てられた050で始まる11桁の電話番号である。2002年より使用されている。番号を割り当てるということは従来の電話網と接続して通話が可能になるということである。したがって，そのための最低限の品質が確保できなければ，番号の割当てを受けることはできない。具体的にはE-modelと呼ばれるアルゴリズムに遅延や雑音などの値をあてはめて評価を行い，0〜100までのR値と呼ばれるスコアを求める。R値の値によってクラスが決まっており，R値が80以上で遅延が100ミリ秒未満ならクラスAというようにA，B，Cの三つのクラスがある。最も下のクラスCはR値が50以上で遅延が400ミリ秒未満とされている（TTC標準JJ201.01）。050番号の割当てを受けるには，このクラスCの品質を満たさなければならない。なお，クラスAは従来の固定電話の品質，間のクラスBは携帯電話の品質に相当する。クラスAの基準を満たす場合，IP電話でも03な

ど 0 で始まる従来の 10 桁の電話番号（0AB〜J 番号という）の割当てを受けられる。したがって，現在では電話番号だけでは IP 電話かどうかを見分けることはできない。

4.5　動画配信技術

4.5.1　ストリーミング

インターネットにおいては，当初は動画はファイルをダウンロードしてから手元の PC などで再生する方法で利用されていた。その後，音声データについて，すべてのデータのダウンロードを待たずに再生を始める**ストリーミング**方式が開発され，それが動画にも適用された。ストリーミング方式では，動画のうちの先頭部分などの指定された箇所のデータから順次ダウンロードが行われ，データがそろいしだい，その部分から再生が始まる。したがって，再生中も時系列で後となるデータのダウンロードが並行して行われる。ストリーミング方式の利点は「ライブ放送（生放送）」ができることである。ライブ放送では，デジタル方式のビデオカメラで撮影された映像を，撮影しながらコンピュータに取り込み，リアルタイムにデータに**エンコード**する。そして，エンコード後のデータを配信サーバを用いて送出する。これらの処理に数秒〜数十秒程度の時間を要するが，ほぼライブ放送を実現できる。撮影済みの映像はエンコードしておくことで，いつでも配信サーバから送出できるため，一種の**VOD**（video on demand）が実現できる。なお，再生には専用のソフトウェアを利用するほか，Web ブラウザに組み込んで使用する**プラグイン**が提供され，ブラウザ上でも再生できるのが一般的である。

ストリーミングの分野では，古くは，RealNetworks の RealAudio/RealVideo，Apple の QuickTime，Microsoft の Windows Media という技術が用いられた。その後，Adobe のマルチメディア技術である Flash に基づく Flash Video が開発され，広く使われたが，HTML5 が普及し，Adobe Flash が廃止されたことで現在では推奨されていない。

4.5.2　圧　縮　技　術

デジタル動画では圧縮の技術が重要である。配信することを考えるとデータ量を抑えなければならない。一般に高品質な映像では 1 秒間に扱うデータの量（**ビットレート**と呼び，bps（bit per second）で表す）が多くなり，圧縮率としては低くなる。映像では動きの多い場面と少ない場面を同じビットレートで圧縮すると全体的に画質を低下させてしまうため，動きの多い場面ではビットレートを高くし，そうでない場面ではビットレートを抑える処理が行われる。これを**可変ビットレート**（**VBR**：variable bitrate）と呼び全体のデータ量を抑えながら画質を向上させることができる。動画配信においては，さらにこれを通信の状況に合わせて変化させることができる技術もある。映像の配信では**RTP** と **RTCP**（real-time transport control protocol，RFC 3550）が用いられる，両者はセットで使用するように設計されている。RTP はデータ転送を担い，そのフロー制御のための情報収集を行うのが RTCP である。

4.5.3　動画配信サービスとビデオ会議サービス

2021 年現在では，Netflix や Amazon Prime Video などの各種の動画配信サービス（VOD）が提供され，配信作品の量やジャンルで競っている，あるいは，差別化している。また，配信専門の番組が制作されたり，テレビ番組の（いわゆる見逃し）配信のサービスを行うものもある。

また，音声と映像の配信としては **Zoom** などのビデオ会議サービスも同様の技術を用いている。2019 年末からの世界的な新型コロナウィルス感染症の流行で，オンライン授業やリモートワークが推進され，Zoom のほか，Google Meet，Cisco Webex，Microsoft Teams などが各組織で広く導入された。

4.6　CDN

CDN（contents delivery network）は動画などのコンテンツをインターネット上で配信するために最適化されたネットワークである。インターネットで

は，動画像の配信やサイズの大きなファイルの提供などはクライアント・サーバモデルで運用されていることが多い。この場合，アクセス集中によってサーバのレスポンスが低下することと，サーバ周辺でのトラフィックの増大が問題となる。そこで，アクセス集中を避けるために同一コンテンツのサーバを分散配置し，トラフィックも分散させることが重要となる。**図4.7**にCDNの概念を示す。CDNではインターネット上の各地にサーバを設置し，DNSを利用してユーザからのアクセスを「最寄りの」サーバへ誘導する。さらに，ファイルのダウンロードなど，リアルタイム性の低い通信の場合はP2P技術（11.3節参照）を用いることにより，トラフィックの集中を避ける。

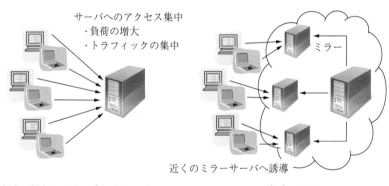

（a）　従来のWebのネットワーク　　　　　　　（b）　CDN

図4.7　従来のWebのネットワークとCDN

演　習　問　題

〔**4.1**〕　基本的には単純なしくみであるHTTPなどのWeb技術は，さまざまな追加技術を投入し，複雑なサービスを構成している。それにもかかわらず，HTTPが複雑化する方向に積極的に改定されないのはなぜか考えなさい。

〔**4.2**〕　テレビや電話は技術的にはインターネット上の1サービスとして現実的に存在することができる状況となっている。そのほかにも，従来はインターネットとは無関係に存在していたサービスが次々とインターネット上で実現されている。そのような例を挙げなさい。

5章 モバイルメディア技術

◆ 本章のテーマ

この章では携帯電話・スマートフォンを中心としたモバイル端末，およびそれにかかわる技術について学ぶ。

携帯電話は登場以来，ユーザが増加し続けており，料金の定額制や低価格化と端末の高機能・高性能化に伴って，新たなサービスも展開され，爆発的に普及している。また，近年ではスマートフォンが登場し，さまざまな場所での無線 LAN の整備が進められた結果，どこにいても高度なメディア処理が可能となってきている。

この章ではこれらのモバイル技術やその利用分野，社会的な意義やセキュリティ面も含めて説明する。

◆ 本章の構成（キーワード）

5.1 携帯電話・スマートフォン
携帯電話の歴史，CDMA，3G，LTE，4G，無線 LAN，5G
5.2 スマートフォン
コミュニケーション，アクセス制限，Blackberry，iPhone，Android，ピンチ，フリック，テザリング
5.3 タブレット
小型軽量，無線通信，電子書籍
5.4 無線 LAN
802.11，Wi-Fi，WEP，WPA2，PSK
5.5 そのほかの無線技術
Bluetooth

◆ 本章を学ぶと以下の内容をマスターできます

☞ 携帯電話の歴史と技術の進化
☞ スマートフォンの種類，スマートフォンがもたらしたもの
☞ 電子書籍の普及とタブレット
☞ さまざまな無線 LAN 技術とセキュリティ

5.1 携帯電話・スマートフォン

5.1.1 携帯電話の歴史概観

携帯電話は 1980 年代に登場し，端末の小型・高性能化，通話可能エリアの拡大，通話料金や端末の低価格化によって 1990 年代には広く普及した。また，90 年代の終わりには NTT ドコモによって i-mode が開発され，その 5 年ほどまえから一般に普及し始めたインターネットとの接続機能が付加された。他社もすぐに追随してインターネット接続機能を付加し，これにより通話だけでなく，電子メールやインターネットコンテンツ，インターネットサービスが利用可能になった。**表** 5.1 に携帯電話の歴史の概略を示す。

インターネットへの対応によるデータ通信量の増大に伴い，利用者が支払う電話料金のうち通信料の占める比重が高くなった。そこで，データ通信については通信データ量に基づく従量制だけでなく，定額制が導入された。また，携帯電話の通信事業への新規参入が増え，事業者間の競争が激しくなったため，業界の再編が進むとともに利用料金の低価格化が実現した。通話料についても，同一事業者のサービスを利用する人どうしの通話を中心に低価格化・無料化が進んだ。

基本となる通信機能に着目すると，登場当初はアナログ方式であったが（これを**第 1 世代**，または **1 G** と呼ぶ），その後，デジタル化された（**第 2 世代**，**2 G**）。しかし，これらの動きは，ヨーロッパ，米国，日本においてそれぞれ独自に進められたため，国際的な互換性は乏しかった。2000 年代に入り，**CDMA**（code division multiple access）などの新技術が採用され，通信品質と速度が向上した（**第 3 世代**，**3 G**）。しかし，3 G でも国際標準化は完全には成し遂げられず，いくつかの方式が並存する形となった。

2000 年代半ばには，多機能型の携帯電話である**スマートフォン**が登場する。これにより，データ通信量の増大はさらに加速し，より高速な通信網の整備が期待されるようになった。2010 年代に入り，**LTE**（long term evolution）という技術により，高速通信が提供された（厳密には **3.9 G** であるが**第 4 世代**，

表5.1 携帯電話の歴史の概略

時　　期	事　　項
1979 年 12 月	電電公社が自動車電話サービスを開始（1 G）
1985 年 4 月	電気通信事業法施行（通信の自由化），電電公社民営化
1985 〜 87 年	新電電各社設立
1987 年 4 月	NTT の携帯電話サービス開始
1987 〜 91 年	KDDI，ソフトバンクモバイルのルーツとなる携帯各社の多くが設立。サービス開始（アナログ方式）
1991 年 4 月	NTT「mova」（アナログ方式）のサービス開始
1991 年 8 月	NTT ドコモ設立
1992 年 7 月	NTT ドコモ，サービス開始
1993 〜 94 年	各社デジタル方式（800 MHz 帯，1.5 GHz 帯）サービスを開始（2 G）
1994 年 4 月	端末販売制に移行
1994 〜 95 年	PHS 各社設立，サービスを開始
1998 年 7 月	国際電信電話株式会社法廃止
1999 年 2 月	NTT ドコモ「i モード」サービスを開始
1999 年 4 月	KDDI の前身数社が「EZweb」を開始
1999 年 11 月	イー・アクセス設立
2000 年 11 月	ソフトバンクモバイルの前身会社がカメラ機能付き携帯電話を発売。「写メール」がヒット
2000 〜 01 年	合併により KDDI 発足
2001 年 10 月	NTT ドコモ「FOMA」のサービスを開始（2 GHz 帯）（3 G）
2002 年 3 月	KDDI が携帯電話初の「電子コンパス」を搭載した GPS ケータイを発売
2002 年 4 月	KDDI が CDMA 1X を開始（800 MHz 帯）（3 G）
2002 年 12 月	ソフトバンクモバイルの前身会社が W-CDMA 方式の携帯電話サービスを開始（3 G）
2003 年 11 月	KDDI が CDMA 1X WIN を開始（2 GHz 帯）。携帯電話で初めてパケット定額制を導入
2004 年 7 月	NTT ドコモが i モード FeliCa のサービスを開始
2005 年 1 月	イー・モバイル設立
2005 年 2 月	総務省がプラチナバンド（800 MHz 帯）を NTT ドコモと KDDI に割り当て
2005 年 2 月	社名変更により PHS のウィルコムがスタート
2005 年 12 月	KDDI が世界初の「ワンセグ」対応携帯電話の販売を開始
2006 年	ソフトバンクがソフトバンクモバイルの前身会社を子会社化し，ソフトバンクモバイルに社名変更
2006 年 9 月	NTT ドコモが BlackBerry の取扱いを開始
2006 年 10 月	携帯電話番号ポータビリティ（MNP）の開始
2006 〜 08 年	ウィルコムを除く各社がすべて PHS 事業を終了
2007 年 3 月	「EM モバイルブロードバンド」サービスを開始
2007 年 6 月	Apple が米国で iPhone を発売
2008 年 7 月	iPhone 3 G がソフトバンクモバイルから発売（日本初上陸）
2008 年 9 月	米国で Android OS を搭載した機種が発売
2009 年 2 月	Windows Mobile 6.5 がリリース
2009 年 7 月	UQ コミュニケーションズが「UQ WiMAX」商用サービスを開始
2009 年 7 月	NTT ドコモから Android 搭載スマートフォンが発売
2010 年 6 月	ソフトバンク iPhone 4 を発売
2010 年 9 月	Windows Phone 7 がリリース
2010 年 12 月	NTT ドコモが LTE「Xi」サービスを開始
2011 年 3 月	イー・アクセスとイー・モバイルが合併しイー・アクセスに
2011 年 8 月	au が世界初の Windows Phone 7.5 搭載端末を発売
2011 年 10 月	iPhone 4S を発売。Siri 搭載。KDDI も iPhone の販売を開始。

表5.1　（つづき）

時　期	事　項
2012 年	Android 4.1／4.2 公開
2012 年	総務省プラチナバンド割り当て（2月：900 MHz 帯をソフトバンクモバイルに，6月：700 MHz 帯を NTT ドコモ／KDDI／イー・アクセス（現ソフトバンク）に）
2012 年 3 月	「EMOBILE LTE」サービス開始
2012 年 6 月	NTT ドコモが Android 端末の Galaxy S3 を発売
2012 年 9 月	KDDI が iPhone 5 を発売。au 4 G LTE を開始（2 GHz 帯）
2012 年 9 月	ソフトバンクモバイルが iPhone 5 を発売，SoftBank 4 G LTE を開始（2 GHz 帯）
2012 年 10 月	Windows Phone 8 の発表
2013 年	Android 4.4 公開。「OK Google」コマンド提供
2013 年	国内でデュアル SIM 対応端末発売
2013 年 9 月	iPhone 5s／5c 発売。NTT ドコモも iPhone 販売開始。同年 11 月より Apple Store で SIM フリー版販売開始
2013 年 10 月	UQ コミュニケーションズが WiMAX 2+ サービス開始
2014 年	2014 年前後から MVNO 各社のサービスが開始
2014 年 4 月	KDDI が国内初の LTE-Advanced（4 G，キャリアアグリゲーションに対応）提供（同年夏以降）を発表
2014 年 7 月	イー・アクセスがウィルコムを吸収合併しワイモバイルに商号変更
2014 年 8 月	ワイモバイルが Y!mobile サービス開始
2014 年 9 月	iPhone 6／6 Plus 発売，以後，毎年 9 月または 10 月に新機種（新シリーズ）を発売
2014 年 12 月	総務省が SIM ロック解除に関するガイドラインを改正（2015 年 5 月以降発売の機種に適用）
2014 年 12 月	UQ mobile サービス開始
2015 年	Android 6.0 公開
2015 年 3 月	NTT ドコモが PREMIUM 4 G（キャリアアグリゲーションに対応）をサービス開始
2015 年 4 月	ソフトバンクモバイルがワイモバイルを吸収合併
2015 年 7 月	ソフトバンクモバイルが商号をソフトバンクに変更（元のソフトバンクはソフトバンクグループに商号変更）
2015 年 11 月	Windows 10 Mobile リリース
2016 年 10 月	Google がスマートフォン Pixel を発表（Android）
2017 年	Android 8.0 公開
2018 年	Xperia XZ3，Galaxy S9（ともに Android）発売
2018 年 4 月	同年 1 月設立の楽天モバイルネットワーク（後の楽天モバイル）の MNO 参入が決定
2018 年 9 月	iPhone XS／XS Max／XR 発売，以降 eSIM に対応
2019 年	各社による 5 G 試験サービス開始
2019 年 10 月	電気通信事業法改正。通信料金と端末代金を完全分離。2 年契約の縛りが大きく制限される。大手 3 社は違約金を撤廃もしくは 1 000 円に
2019 年 12 月	Windows 10 Mobile サポート終了
2020 年 3 月	大手 3 社が 5 G サービスを開始
2020 年 3 月	Galaxy S20 5 G 発売（Android）
2020 年 4 月	MNO の「楽天モバイル」サービス開始，eSIM 対応。同年 9 月に 5 G 対応
2020 年 9 月	日本政府が大手 3 社に対する携帯電話料金引き下げ要求
2020 年 9 月	Android 11 公開
2020 年 10 月	iPhone 12／12 mini／12 Pro／12 Pro Max 発売，5 G に対応
2020 年 12 月〜翌 1 月	大手 3 社がメインブランドの低価格プランを発表
2021 年 3 月	低価格プラン ahamo（NTT ドコモ），povo（KDDI），LINEMO（ソフトバンク），UN-LIMIT VI（楽天モバイル，4 月）サービス開始
2021 年 4 月	楽天モバイルが iPhone を販売開始
2021 年 7 月〜9 月	大手 3 社 eSIM 提供開始（7 月ソフトバンク，8 月 KDDI，9 月 NTT ドコモ）

4 G に含められている）。LTE は標準技術でおもにスマートフォンが対応している。携帯電話サービスを行う移動体通信事業者は 2010 年代前半に急速にLTE 網の整備を行い，加えて総務省により，テレビの地上デジタル放送への移行に伴って空いた周波数帯の割り当ても行われた。さらに，スマートフォンに搭載された**無線 LAN** 機能を用いることで，電話網の混雑を緩和させる狙いから，各事業者は駅や公共施設，カフェなどへの無線 LAN のアクセスポイントの設置を進めた。

　正式な 4 G は 2012 年に定められ，日本での商用サービスは各社が 2014 年前後から提供している。ほぼ同時期以降，**移動体通信事業者**（**MNO**：mobile network operator，いわゆるキャリア）の回線を借りてサービスを行う**仮想移動体通信事業者**（**MVNO**：mobile virtual network operator，いわゆる格安 SIM 業者）が多数誕生し，低価格とサービスの特長を武器に競争を展開している。移動体通信事業者は設備投資して回線を実際に持っており，継続的な技術開発や維持のコストもかかるのに対し，MVNO は回線を借りるだけでこれらの負担がないため，低価格を実現しやすい。

　第 5 世代（**5 G**）は AI や IoT の時代に求められる**超高速通信，超低遅延通信，多数同時接続**を目指すもので，日本においては 2020 年よりサービスが開始された。広範囲への普及には時間がかかる見込みだが，最終的には伝送速度20 Gbps（下り），遅延 1 ms，1 km^2 あたりの接続機器数 100 万台を実現する計画である。

5.1.2 携帯電話の基本技術

〔1〕 **ゾーン方式**（**セル方式**）　　携帯電話は電波を使った無線サービスである。これは端末（電話機）と**基地局**との間で無線通信を行い，基地局から先の電話網に接続する方法がとられている。一つの基地局がカバーするエリアをゾーン（またはセル）と呼び，このような方式をゾーン方式という。アナログの携帯電話の時代には半径数十 km の**大ゾーン**方式が用いられた。大ゾーン方式の概念を**図 5.1** に示す。

図5.1　大ゾーン方式

　大ゾーン方式は広い範囲をカバーできるが，その中に端末がたくさんあると
チャンネルが足りなくなる。そのため，携帯電話を持つ人が増え，デジタルの
携帯電話の時代に入ると半径数 km 程度の**小ゾーン**方式が採用された。小ゾー
ンのことを**セル**とも呼ぶので，この方式はセルラー方式とも呼ばれる。**図5.2**
に小ゾーン方式の概念を示す。小ゾーン方式のメリットは電波の利用効率がよ
いことである。隣り合わないゾーンではたがいの電波が届かないので，同じ周
波数帯を使用することができる。これにより，大ゾーン方式で問題となった
チャンネル数の不足はかなり解消できる。

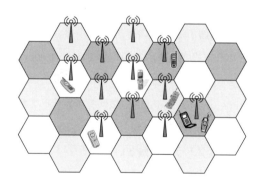

図5.2　小ゾーン方式（同じ網
　　　掛けのゾーンでは同じ周波
　　　数帯を利用可能）

　小ゾーン方式では携帯電話を使用しながら移動すると，他のゾーンに移って
しまう可能性が高い。このような際に基地局を切り替えても通話が途切れるこ
となく続けられるようにする技術を**ハンドオーバー**と呼ぶ。
　また，携帯電話のサービスは基本的には利用者が契約した通信事業者（キャ
リアともいう）のサービスを利用するが，事業者どうしが同様の技術を使って
おり，提携している場合，利用者が直接契約していない事業者の通信網を利用

できる。これを**ローミング**という。

　2011 年の東日本大震災を受け，近年では小ゾーン方式の基地局が機能しなくなった場合に備えて大ゾーン方式が見直されている。従来整備されてきた小ゾーン方式の基地局とは別に，自家発電などの設備を備えた耐震性の高い建物などに設置され伝送路も多重化されている。これらの設備は通常時には使用せず，大規模災害により必要性が生じた場合に使用される。全国での整備が進められている。

　〔2〕　**多重化と多元接続**　　**多重化**（multiplexing）とはさまざまな方式でデータを重ねて送ることである。重ねるデータがそれぞれ別々のユーザのものでそれを用いて各ユーザが接続することを**多元接続**（multiple access）といい，周波数別にチャンネルを設けて複数の人が電波を利用する方式を**周波数分割多元接続**（**FDMA**：frequency division multiple access）という。前者は FDM のように M と表記され，後者は FDMA のように MA と表記される。アナログ方式の第 1 世代で用いられた方式である。デジタル方式の第 2 世代になると，**時分割多元接続**（**TDMA**：time division multiple access）が用いられるようになった。FDMA がテレビやラジオのチャンネルと同様の考え方であるのに対し，TDMA は同じ周波数の電波を使って通信する複数のペアをごく短い時間で切り替えながら同時に通信を成立させる方式である。実際には **FDM**（frequency division multiplexing）と組み合わせて周波数で無線チャンネルを分けたのち，一つの無線チャンネルを **TDM**（time division multiplexing）で多重化して利用する。第 3 世代になり登場したのが**符号分割多元接続**（**CDMA**：code division multiple access）である。CDMA は**スペクトラム拡散**という技術を用いており，妨害や干渉を受けにくく秘話性がよい，周波数効率がよいなどの特徴がある。LTE 以降は周波数の利用効率をより高める**直交周波数分割多元接続**（**OFDMA**：orthogonal frequency-division multiple access）が用いられている。

5.1.3　携帯電話の付加機能

　携帯電話には基本となる通話機能に対してさまざまな機能が付加されてきた。インターネット接続機能（電子メール，Web 閲覧）にはじまり，電話帳

を発達させたアドレス帳機能，カメラ機能（静止画，のちに動画も撮影可能に），Bluetooth や赤外線による近接通信，着信音の追加変更機能，音楽再生機能，**GPS**（global positioning system），Java 言語により作成されたゲーム，**FeliCa** による「おサイフケータイ」（**NFC** の一種，11.2節参照），**ワンセグ**（地上デジタルテレビ放送の一種）視聴などの機能が備えられた。また，このような機能を搭載するため，携帯電話には専用の OS が搭載されている。これらは高い技術により実現されてきたが，日本独自の進化を遂げたという意味で「ガラパゴス携帯」などと揶揄されることもある。

　携帯電話が音楽再生機能を持ったことにより，音楽のダウンロードビジネスが急速に発達し音楽の流通形態を一変させた。同様のことはゲームについてもあてはまり，ダウンロードによるゲーム販売という流れは，記録媒体によるゲーム販売を中心としていた携帯ゲーム機に変革を促し，これらの機器に通信機能を装備させ，ゲームソフトの販売をダウンロード中心のビジネスへと変化させた。しかし，のちに登場するスマートフォンは，これらの機能をほぼ持っており，性能や操作性に勝っていたため，携帯電話は徐々に置き換えられ，ビジネスのターゲットもスマートフォンを中心としたものに変化していった。

5.2　スマートフォン

　スマートフォンは従来の携帯電話に比べて大きな画面を持ち，通話以外の利便性を高めている。片手に収まる大きさではあるが，その能力は小さなコンピュータそのものである。携帯電話よりも高い能力のプロセッサを搭載し，本格的な OS を装備している。

　現在のスマートフォンの先鞭をつけたのはカナダ BlackBerry（旧 RIM）の BlackBerry である。BlackBerry は小さいながらフルキーボードをハードウェアのボタンとして装備した端末である（一部の機種を除く）。日本ではあまり普及しなかったが，欧米では多くのユーザがいた。初期モデルが発売された 1990 年代末には日本でも **PDA**（personal digital assistants，携帯情報端末）

が利用されていたが，これらは通話機能は持たず，**PIM**（personal information management，個人情報管理）機能を中心とした端末として携帯電話とは別に持ち歩くものであった。日本においては従来の携帯電話が進化を続けており，通話およびデータ通信のサービスにはそれが用いられていた。ただし，一部の携帯電話では Web 閲覧の利便性向上のため，大型の液晶画面とタッチインタフェースを備えており，その後のスマートフォンの流行の素地はあったといえる。

5.2.1 **iPhone**

日本でスマートフォンの存在が広く知られるようになったのは Apple の

図 5.3 iPhone

iPhone が国内で発売された 2008 年である。米国ではその約 1 年前の 2007 年に初代の iPhone が発売されていたが，通信方式の関係で日本では使用できず，日本で販売されたのは 2 世代目の機種からである。iPhone は現在のスマートフォンの持つ機能をほとんど備えていた（**図 5.3**）。

iPhone は通話機能を持つ携帯電話に各種機能を追加したものというより，iOS と呼ぶ OS を持つディスプレイが一体化した小型コンピュータに，通話，Web ブラウザ，メール，カレンダーなどの各種機能を**アプリ**と呼ぶソフトウェアとして搭載した形となっている。標準的にはこのほかに，カメラ，音楽再生などのアプリがはじめから搭載される。また，日本語変換の機能が OS に統合されている。これらは画面への指によるタッチや独特の操作によって利用するようになっている。通信機能としては，3 G や LTE 以降の通信網を使用して通話・インターネット接続ができるほか，無線 LAN（Wi-Fi），Bluetooth（5.5 節参照）などが利用できる。また，加速度センサが搭載されており，端末の向きにより表示を変えるなどのほか，GPS と組み合わせて，地図に代表される方位や位置を利用したアプリが利用できる。音楽関係の機能は，携帯音楽プレイヤーとして Apple が販売してきた iPod の機能を進化

させて搭載している。ワンセグは搭載されていない。

　iPhone が流行した背景には，このような機能がうまくまとめられ，デザイン性も優れていたことに加え，以下の二つの要因があると考えられる。一つは指によるタッチ操作のインタフェースが直感的でわかりやすいことである。画面を指で直接タッチしたり，場合によっては 2 本以上の指を用いて操作する。**スワイプ**は画面に触れた状態で指を滑らせる操作で，スクロールができる。写真を次々に表示させたり電子書籍のページめくり，地図の表示箇所の移動などに用いる。**ピンチイン**は 2 本の指を画面上で滑らせ近づける操作で表示の縮小に用いる。**ピンチアウト**は逆に，2 本の指を滑らせて遠ざける操作で表示の拡大に用いる。従来のフルキーボードが必要な場合には，画面にソフトウェアキーボードを表示させてタッチ操作で入力できる。また，日本語の入力では，従来の携帯電話と類似の入力が行えるように専用のソフトウェアキーボードと日本語変換機能が用意され，やはりタッチ操作で入力する。画面を指で軽くはじく**フリック**などの入力方法も用意されている。ハードウェアとしてのボタンは必要最小限のものしか備えておらず，無い機種もある。なお，音声入力による操作も可能である。

　もう一つはインターネットからのダウンロードによりアプリを自由に追加できることである。従来から Apple は PC の世界において iTunes というソフトウェアとインターネット上の専用の「ストア」により，音楽のダウンロード販売のビジネスモデルを確立しており，そのしくみを用いる携帯音楽プレイヤーの iPod も成功させていた。それを発展させて iPhone へも導入するとともに，アプリの販売・流通にも応用した。アプリ開発者のために無償の開発環境が提供され，誰でも参入でき，Apple の一定の審査を通過すれば有償あるいは無償で誰でもストアに公開することができる。これによりさまざまな優れたアプリが流通するようになった。現在では，このしくみにビデオや電子書籍も取り込まれている。なお，アプリの修正や新版の配布だけでなく，OS 自体のアップグレードもインターネット経由で直接行うことができる。

5.2.2 Android

iPhone は Apple が端末のハードウェアと OS を開発し独占販売するため，競合する端末メーカーは別の OS を用意する必要があった。そこに登場したのが検索サービスで創業し，すぐれたサービスとオープンソースソフトウェアを提供する巨大企業へと発展した Google による **Android** であった（実際にはAndroid を Google が買収して発展させた）。この関係は PC における Apple とIntel + Windows（Microsoft）陣営の関係によく似ている。Android はオープンソースの OS で軽量・高性能であり，携帯端末のプロセッサを意識して開発された。また，Qualcomm などと共同で携帯電話向けの規格化を進めた。Apple以外の端末メーカーはこの Android と，数種類のプロセッサファミリのいずれかを採用してスマートフォンを開発した（**図 5.4**）。

図 5.4 Android スマートフォン

Android によるスマートフォンは iPhone と同様に，指によるタッチ操作が基本であり，ほとんどの機能がアプリによって実現されている点やその種類，アプリや楽曲，電子書籍などがインターネット上のストアで配布・販売されている点も同様である。Android を採用したスマートフォンは，日本では 2009年から発売されている。その特徴は，無償の OS を利用するために全体的に価格が低いことと，端末メーカーがそれぞれ独自に機能を高めたり追加したりしているため，選択肢が多いことである。従来の携帯電話が備えていたようなおサイフケータイ（NFC）の機能をもつ Android 端末も多い（2021 年現在では，iPhone でも NFC 機能を持つ機種もある。また，ワンセグを搭載した Android

端末はごく少なくなっている）。Google のソフトウェアやサービスとは当然，
相性がよく，さまざまなアプリやサービスが標準的に利用できる。

　なお，Microsoft は Windows Phone というスマートフォンプラットフォーム
を開発し，複数の端末メーカーがそれを採用した端末を販売したが，iPhone，
Android の 2 大シェアには遠く及ばず 2019 年にサポート終了となった。

5.2.3 ア　プ　リ

　スマートフォンのアプリは，標準装備されているアプリの代替となるものか
ら，気の利いた便利なもの，ビジネス用途を目的としたもの，学習や読書など
に用いるもの，ビデオや音楽などのマルチメディアを扱うもの，ゲームなど多
岐にわたっている。なかでも，ゲームは非常にたくさんのアプリが開発され，
ゲーム制作会社も本格参入しており，スマートフォンは携帯ゲームの新たなプ
ラットフォームとなっている。

　また，電車の乗換えや地図などインターネットでサービスを展開している事
業者もそれぞれ専用のアプリを開発・提供して対応している。なかでも，
Twitter や **Facebook**，**Instagram** などの **SNS** は多くのアプリが提供され，
たいへん流行している。近年ではこれらのサービスを利用した**ソーシャルゲー
ム**が開発され，新たなゲームの形態として急速に市場が拡大している。**クラウ
ド**サービスもスマートフォンに対応し，ファイルをいつでもどこでも開いた
り，場合によっては編集したりすることもできるようになった。

　さらに，LTE 以降は各社の音楽配信サービスや YouTube に代表される動画
配信サービスの利用者が急激に増え，サービスの種類も増加している。また，
これらのサービス形態も都度課金でダウンロードして視聴する方式から，スト
リーミングを利用した定額のサブスクリプションという方式に変化している。

5.2.4 高 速 通 信 網

　クラウドや SNS のサービスが充実し，スマートフォンが普及するにつれ，
データ通信の量は増大を続けている。さらに，データ通信を用いた無料通話

サービス，音楽配信サービス，動画配信サービスが利用者数を伸ばし，通信量増大に拍車をかけている。このような状況に対し，通信事業者は技術改良を進め，高速データ通信技術を投入してきた。無線 LAN のネットワークと携帯電話のネットワークをつなぐ**モバイルルータ**と呼ばれる小型機器も利用されてい

表5.2 携帯電話における高速通信技術

世　代	方　式		サービス名	通信速度
3 G	W-CDMA（UMTS）		FOMA，Softbank 3 G	パケット通信時 384 Kbps，最大 2 Mbps
	CDMA2000 1x MC		CDMA 1X（au）	下り最大 144 Kbps
3.5 G	HSPA（HSDPA/HSUPA）		Softbank の 3 G ハイスピード，FOMA ハイスピード	下り最大 14.4 Mbps，上り最大 5.76 Mbps
	HSPA+		EMOBILE，Softbank がサービス	下り最大 21 Mbps，上り最大 11.5 Mbps
	DC-HSDPA		Softbank の ULTRA SPEED，EMOBILE G4	下り最大 42 Mbps
	CDMA2000 1xEV-DO	Rel.0	CDMA 1X WIN	下り最大 2.4 Mbps，上り最大 153.6 Kbps
		Rev.A	CDMA 1X WIN	下り最大 3.1 Mbps，上り最大 1.8 Mbps
		MC-Rev.A	WIN HIGH SPEED	下り最大 9.2 Mbps，上り最大 5.5 Mbps
3.9 G	Mobile WiMAX（IEEE 802.16e）		UQ WiMAX	下り最大 40 Mbps，上り最大 15.4 Mbps
	LTE		docomo Xi	下り最大 150 Mbps，上り最大 50 Mbps（2021 年）
			au 4 G LTE	下り最大 100 Mbps，上り最大 15 Mbps（2021 年末）
			Softbank 4 G LTE	下り最大 400 Mbps（2021 年）上り最大 25 Mbps（2012 年末）
			EMOBILE LTE	下り最大 75 Mbps，上り最大 25 Mbps（2012 年末）
	AXGP		Softbank 4 G	下り最大 110 Mbps，上り最大 15 Mbps（2012 年末）
4 G	WiMAX 2/2.1（IEEE 802.16 m）		UQ WiMAX 2+（下り 2CA/256QAM/4×4 MIMO）	下り最大 558 Mbps，上り最大 30 Mbps（2021 年）
	LTE-Advanced		docomo PREMIUM 4 G（下り 5CA/256QAM/4×4 MIMO）	下り最大 1.7 Gbps，上り最大 131.3 Mbps（2021 年）
			au 4 G LTE（下り 5CA/256QAM/4×4 MIMO）	下り最大 1.24 Gbps，上り最大 112.5 Mbps（2021 年）
	AXGP		SoftBank 4 G	下り最大 838 Mbps，上り最大 15 Mbps（2021 年）
5 G			docomo 5 G	下り最大 4.2 Gbps，上り最大 480 Mbps（2021 年）
			au 5 G	下り最大 4.1 Gbps，上り最大 481 Mbps（2021 年）
			SoftBank 5 G	下り最大 2.0 Gbps，上り最大 103 Mbps（2020 年 3 月）

る。モバイルルータは Wi-Fi 以外の通信機能を持たない携帯機器をいつでもどこでもインターネットにつなぐための手段として広く使われている。スマートフォンは携帯電話ネットワークへの接続機能と無線 LAN による接続機能の両方を備えているため，これをモバイルルータとして利用するための**テザリング**（tethering）という機能を搭載した機種もある。

モバイルルータを前提とすれば，携帯端末側は標準化された低コストな無線 LAN 機能があればよく，WAN 側は携帯電話網である必要はない。そこで，**WiMAX** という，別の高速無線データ通信方式のネットワークが開発され，日本でも携帯電話事業者の関連会社が全国規模でネットワークを整備している。一部のスマートフォンは WiMAX をデータ通信に利用し，テザリング機能を持つものもある。また，携帯電話事業者は前述のように，直接，無線 LAN 網の整備も進め，自社の契約者は無料で利用できるようにすることで携帯電話網の混雑の緩和を図っている。さらに，2010 年以降は高速データ通信方式である LTE の通信網整備が始まり，2012 年には携帯通信大手 3 社のサービスと対応スマートフォンがすべて出そろった。また，その後の 4 G，5 G には新機種で順次対応している。**表 5.2** に 3 G 以降の通信方式の概要を示す。Wi-Fi については 5.4 節で詳しく述べる。

5.2.5　携帯電話・スマートフォンと社会

携帯電話が普及し，ネット接続ができるようになった。その後，スマートフォンが登場し，携帯電話を置き換えた。これによりコミュニケーションの形態が多様化するようになった（**図 5.5**）。

スマートフォンの普及により，さまざまな問題が発生してきた。まず，スマートフォンへの依存の問題がある。通話しかできなかった携帯電話の時代には，長電話で通話量が高額になるなどの問題があったが，インターネットの時代になり，データ通信が定額制になって，スマートフォンが普及すると，スマートフォンの情報源，コミュニケーション手段としての地位が高まり，片時も離さずスマートフォンの画面を見て操作していなければ不安でたまらないと

携帯することの価値
・「個人」への連絡がとりやすくなった
・外出先や移動中でも簡単に電話を利用できるようになった

インターネット接続
・Webページの閲覧や電子メールのやり取りができるようになった
・インターネット利用のすそ野が急速に拡大した

Twitter
Facebook

SNS の利用
・SNS の端末として非常に有用なものとなった
・大規模災害時にはライフラインとなる

図 5.5　携帯電話・スマートフォンの価値

いう人たちが増えた。このような人たちは食事中，入浴中などを問わず，いつでも画面を見続け，SNS には即座に反応しなければならないという強迫観念にとりつかれている。歩行中でもスマートフォンで音楽を聴きながら操作し続けたり動画を見たりする人が増え（いわゆる，歩きスマホ），他人にぶつかったり，転ぶなどしてけがをしたりすることもある。また，近年では SNS の流行により，ネット上の付き合い方が多様化し，それに対応していくだけで疲れてしまうという「ソーシャル疲れ」という現象も起きている。人間関係が壊れたり，孤立したりすることを恐れるあまり，退会することもできず，ストレスをためながら利用を続けているという人も多い。

　スマートフォンの普及は子供たちにも広がっている。小学生でもスマートフォンを持っている子は少なくない。中高生も含め，子供たちは人間関係の築き方や，基本的なコミュニケーションのマナーを身につけるまえに，メールやインターネットの掲示板サービス，SNS などの「使い方」を覚え，そこからいじめが発生したりしている。また，さまざまな誘惑に負け，事件やトラブルに巻き込まれたり，悪質なサイトで脅迫されても親にも相談できずに悩んでいるなどの深刻な状況に陥る子供もいる。国や業界，自治体は，子供のスマートフォン利用に関してフィルタリングによる有害サイトへの**アクセス制限**の導入などを働きかけているが，親の関心が薄い場合は有効に機能しないこともある。音楽や映像コンテンツの違法アップロード/ダウンロードも後を絶たない。

状況は大人でも同じである。いまや，都市部の電車の中ではスマートフォンを操作していない人のほうが少ない。SNS での誹謗中傷や歩きスマホなどの，結果的に他人に苦痛を与えたり迷惑をかけることになる行動をする人が増えている。以上のような状況はますます深刻化している。

5.3　タ ブ レ ッ ト

5.3.1　タブレットの普及

ノート型 PC が開発されて以降，小型軽量化が進められるなかで，2000 年代初頭には画面を直接タッチして操作する形態の PC とそれをサポートした Windows OS が開発された。このタイプの PC は**タブレット型 PC** と呼ばれ，従来のキーボードとマウスによる操作を一新するものとして期待されたが，実際には普及に至らず姿を消した。

その後，タッチ操作によるスマートフォンである iPhone を開発して大ヒットさせた Apple が，その技術を応用してタブレット型の端末 iPad を発売した（**図 5.6**）。

図 5.6　iPad

タッチ操作で使用することについては，かつてのタブレット型 PC と同様である。タブレット型 PC が Windows という汎用 OS を搭載し，小型軽量とはいい難いサイズと重量であったのに対し，iPad はスマートフォン用に開発されたプロセッサやメモリ技術，専用 OS，そして洗練された操作性をそのまま引き継ぎ，非常に薄く軽量で無線通信機能を持った形で製品化された。実際，iPad は iPhone の画面を大型化し，通話機能（あるいは電話網への接続機能）を省略しただけのもの，ともいえる。一方で大きな画面ならではのさまざまなアプリが開発・提供されることにより，従来，ノート型 PC や専用端末が用い

られていた教育やビジネス，医療などの分野で広く使われるようになっている。この分野の製品は**タブレット型端末**，あるいは単に**タブレット**と呼ばれているが，そのサイズと薄さから，**スレート型**と呼ばれることもある。スレートとは，おもに欧米で屋根を葺くために使われている薄い石版である。

iPad のヒットを受けて，Android を用いたスマートフォンを開発・製造しているメーカーから，Android を搭載したタブレットが相次いで発売された。こちらも基本的にはスマートフォンと同様の技術を利用し同様の操作性を保っている。Android タブレットはスマートフォン市場と同じように低価格を武器として急速にシェアを伸ばしている。また，キーボードを搭載したアクセサリと合体することで，ノート型 PC と同じ形態となり，テキスト文書作成やメールの利用が多いビジネスユーザを取り込もうとするものも登場している。この流れは Microsoft の Windows にも影響を与え，Windows 8 以降ではタッチでの操作がサポートされ，ハードウェアとしても，タブレット型に変形できるノート PC が発売されている。現在は Microsoft 自身もハードウェアとして Surface シリーズのタブレットや PC を販売している。

5.3.2　タブレットの用途とサイズ

タブレットの利用が見込まれる主要な用途の一つとして，**電子書籍**の閲覧がある。10 インチ程度の画面サイズのタブレットは単行本のサイズに合い，日本の場合は文庫本の見開きと同程度のサイズであることが，受け入れられやすい理由の一つと考えられる。また，拡大・縮小表示が自由に簡単にできるため，雑誌や新聞の誌面をそのまま電子化したコンテンツの閲覧にも適している。スマートフォンでもこれらは可能であるが，やはり，画面サイズが小さすぎる。

一方，時期を同じくして，楽天や Amazon などの流通業者や，家電メーカー，大手書店から電子書籍を閲覧する**電子ブックリーダ**と呼ばれる端末が相次いで発売されていた。これらの端末は書籍の閲覧に特化しているため，電子ペーパーなどの新しい技術を用いており，より軽量でバッテリーが長持ちし，価格も低めなものが多い。また，サイズは 6 インチや 7 インチ程度が多く，本

の見開きを表示することよりも，片面の表示を紙面の余白部分を削った形で表
示させることで，小型化を追求している。電子ブックリーダの一部は通信機能
を持ち，Webやビデオなどのインターネットコンテンツの閲覧ができる。し
たがって，タブレットの市場と競合し，タブレットの側にも7インチ程度のサ
イズのものが登場してきている。

タブレットのもう一つの用途として，インターネットの動画配信サービスの
ための端末という位置付けがある。このため，フルHDや4Kの解像度や画面
サイズ比に合わせているタブレットもある。

さらに，日本においては文部科学省のGIGAスクール構想が2020年より開
始され，教育現場における児童生徒の1人1台の端末として利用されるケース
も多い。

5.4　無　線　LAN

5.4.1　無線 LAN の種類

無線LANはケーブルを用いずにLANを構成する手段である。かつては赤外
線を用いるものもあったが，現在では無線LANといえば，電波を用いた方式
を指すと考えてよい。無線LANは，IEEEによって802.11というシリーズの
規格として標準化されている。

オリジナルの802.11は1990年代に標準化され，物理層の規格とデータリン
ク層の規格からなる。物理層では電波を用いるスペクトラム拡散技術の**直接拡
散**（DS）**方式**と**周波数ホッピング**（FH）**方式**があり，このほかに赤外線も利
用可能である。802.11には**インフラストラクチャモード**と**アドホックモード**
の二つのモードがある。インフラストラクチャモードは，ノートPCなどの端
末（子機）が基地局（親機，アクセスポイント：AP）を介して有線LANに接
続するモードで，通常，無線LANといえばこのモードで使用される。アド
ホックモードは基地局がなく，端末どうしで直接通信するモードである。

無線LANは共通の周波数（チャンネル）を共有した通信であるため，送信

権を得るアクセス手順を定める必要がある。802.11 のアクセス手順には **DCF**（distributed coordination function）と **PCF**（point coordination function）があり，基本となるのは自律分散制御の DCF である。PCF では**ポーリング**（送信意志の問合せ確認を順番に行うこと）が行われるため競合が起きない。DCFと PCF は共存可能である。DCF はデータリンク層で行われ，Ethernet の CSMA/CD をアレンジした **CSMA/CA**（carrier sense multiple access with collision avoidance）を採用している。

DCF では端末（ノート PC など）間の距離や障害物の影響で，無線信号が届かない状態が生じうるため，**隠れ端末問題**と呼ばれる問題が発生する。これを図 5.7 に示す。

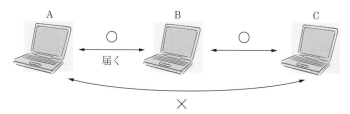

A-B 間，B-C 間は電波が届くが，A-C 間は届かないため，
A と C はたがいの存在を把握できない

図 5.7 隠れ端末問題

隠れ端末問題を解決するために，DCF では **RTS**（request to send，送信要求）と **CTS**（clear to send，受信準備完了）という二つの信号を用いる。この様子を図 5.8 に示す。

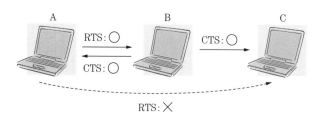

A が RTS を送り，B が CTS で答えると，C には A の RTS は届かないが，B の CTS は
届くため，C は送信しようとしている端末が存在することを認識できる

図 5.8 RTS と CTS による隠れ端末問題の解決

オリジナルの 802.11 のスピードの理論値は最大で 2 Mbps である。802.11
シリーズは，登場順に 802.11b, 802.11a, 802.11g, 802.11n, 802.11ac, 802.11ax
が存在する。

〔1〕 **802.11b**　　802.11b は 2.4 GHz 帯の電波を用いる。この周波数帯は
ISM（industry-science-medical）**バンド**と呼ばれ，免許不要で利用できる周波
数帯である。電子レンジなどでも利用されている。802.11b では DS 方式が採
用されている。理論的な最大スピードは約 11 Mbps である。電波は 22 MHz の
幅で 1 チャンネルを構成し，14 チャンネル（海外では 13 チャンネル）ある
が，チャンネルどうしの中心周波数は 5 MHz しか離れていないため，実際に
重複なしに同時に使えるチャンネルは四つ（海外では三つ）である（**図 5.9**）。

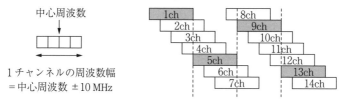

図 5.9　802.11b のチャンネル

オリジナルの 802.11 の機器は高価であったためにあまり普及しなかったが，
802.11b では，安価な機器が開発されたために急速に普及した。このため，こ
の後に登場する規格の多くが 802.11b との互換性を保っている。

〔2〕 **802.11a**　　802.11a は 5 GHz 帯の電波を使用する。この周波数帯は
日本では他の通信にも利用されているため屋内に限り使用でき，免許不要であ
る。日本では当初は 802.11a が使用する電波は海外とは周波数がずれていた
が，その後是正され，国際標準と同じになった。802.11a はオリジナルの 802.11
や 802.11b とは互換性がない。物理層では**直交周波数分割多重**（**OFDM**：
orthogonal frequency-division multiplexing）方式が採用され，理論スピードは

最大 54 Mbps である。802.11a は 802.11b とは互換性がないため, 特に PC 側の機器が高価で普及せず, あまり使われていない。

〔3〕 **802.11g**   802.11g は 2.4 GHz 帯を利用しながら, 802.11a の OFDM 技術を導入して高速化された規格である。802.11b との互換性を保っている。802.11b との互換性があることは大きなメリットで, 802.11g 規格が登場したあとは, ほとんどの機器がこの規格に対応したものとなった。チャンネルは 802.11b 同様に 13 チャンネルある(802.11b の 14 チャンネル目(日本でのみ利用可能)は使わない)。802.11b の置換えとして広く普及している。

〔4〕 **802.11n**   802.11n は 2000 年代中ごろに登場した規格である。最終的には 2009 年に標準化が完了した。規格上は 2.4 GHz 帯と 5 GHz 帯の両方に対応する。複数のアンテナを利用する **MIMO**(multiple input multiple output)や, 複数のチャンネルを結合して 1 チャンネルとする**チャンネル結合**により, 帯域幅を増やして高速化を図っている。802.11n では機器がこれらの技術をどの程度までサポートするかによって最大理論スピードは異なる。規格上の最大のスピードは 4 ストリームの通信を同時に行い, チャンネル結合により 40 MHz のチャンネルを使用した場合で 600 Mbps である。実際の製品では特に PC 側で他の機器の影響を受けやすい 2.4 GHz 帯のみを使用したものが多く, 実効速度が上がらないことが多い。このため, 5 GHz 帯も利用するデュアルバンド対応がなされている。

〔5〕 **802.11ac**   802.11ac は無線でギガビットクラスの通信を行うことを目指して開発された規格で, 2014 年に標準化が完了した。802.11ac は 5 GHz 帯を利用して最大理論スピードで 6.9 Gbps を達成する。

2014 年から wave1 と呼ばれる第 1 世代の製品が発売され, 2017 年からは高速化した wave2(第 2 世代)が登場している。チャンネルの帯域が 80 MHz に拡大され, 変調方式も 64 **QAM**(quadrature amplitude modulation, **直交振幅変調**)から 256 QAM という方式に変更されている。

また, 802.11n で導入された MIMO は 802.11ac では最大 8 × 8 に拡張され, 複数台の端末に対して真に同時に送信することができる MU-MIMO(multiuser-

MIMO）が導入されている。

〔6〕 **802.11ax**　　802.11ax は 2019 年に標準化された，2021 年現在で利用可能な最新規格である。2.4 GHz と 5 GHz に対応しており，理論最大速度は 9.6 Gbps である。スマートフォンの LTE 以降に用いられているのと同様の OFDMA により通信効率を上げているほか，変調は 1024 QAM となり，MU-MIMO は送受信の双方向になっている。

5.4.2 Wi-Fi

Wi-Fi（wireless fidelity）とは Wi-Fi Alliance という業界団体が，802.11 規格に準拠した機器どうしの相互接続性を確認したことを示すものであり，認定を受けた機器は Wi-Fi ロゴを機器につけることができる。同じ規格に準拠したとされている機器の間でも，相互接続性に問題が生じる場合があるため，このような認定が行われている。現在では，流通しているほとんどの機器が認定を受けてこのロゴをつけているため，「Wi-Fi」という語は「（IEEE 802.11 シリーズの）無線 LAN」と同義に用いられている。

　例えば，駅や公共施設周辺，あるいは市内の施設で IEEE 802.11g などの無線 LAN を使用できる場所を「Wi-Fi スポット」などと呼び，携帯電話サービスの各社がそれぞれの顧客向けに無料で使用できるスポットを急速に設置している。これらの会社以外にも無線 LAN サービスをおもな事業とする事業者が多くあり，全国のさまざな施設に無線 LAN スポットが展開されている。これらの間では提携関係にあるスポットを無料で使用できるようなサービスも広く行われている。また，飛行中の航空機内や走行中の新幹線などの列車中で無線 LAN をサービスしている運輸事業者もある。

　また，IEEE 802.11 シリーズは IEEE の定めた規格名であり，わかりにくいことから，2018 年頃から Wi-Fi Alliance が Wi-Fi 4/5/6 という表記を定め，2019 年より対応するアイコンが製品への表示に用いられている。802.11n が第 4 世代の無線 LAN に当たることから Wi-Fi 4，802.11ac が Wi-Fi 5，802.11ax が第 6 世代の Wi-Fi 6 となっており，これらより前の世代に対して

は表記は定められていない一方，策定中の第7世代（IEEE 802.11be）には Wi-Fi 7 がつけられることになっている。

5.4.3　無線 LAN のセキュリティ

　このほかに関連する規格として，IEEE 802.11i がある。これは無線通信を安全にするための規格である。具体的には通信の暗号化と利用者の認証方法を定めている。暗号化技術としては **WEP**（wired equivalent privacy）が 1990 年代後半に登場し普及した。しかし，コンピュータの性能の向上といくつかの弱点の発見により，容易に解読可能なものとなってしまった。そこで，これに代わるものとして 2000 年代に入ってから IEEE により 802.11i の検討が始まった。この標準化作業が完了するより前に，その技術の一部を用いた **WPA**（Wi-Fi protected access）が Wi-Fi Alliance によって標準化され，置替えが進められた。WPA は **TKIP**（temporary key integrity protocol）を採用したが，その暗号アルゴリズム RC4 の強度ではすぐに不十分となってしまった。その後，802.11i の標準化は 2000 年代なかばに完了したが，WPA は改良版の **WPA2** となり，暗号化技術としては 802.11i にも準拠した形となった。WPA2 は **AES**（advanced encryption standard）暗号アルゴリズムを採用した **CCMP**（counter mode with cipher block chaining message authentication code protocol）を使用する。

　2018 年には Wi-Fi Alliance により，より強固な **WPA3** が発表された。WPA3 は **SAE**（simultaneous authentication of equals）により中間者攻撃への対策を行い，また，さまざまなパスワードを用いた多数回のログイン攻撃も防ぐことができる。暗号化システムとしては **CNSA**（commercial national security algorithm）が導入されたほか，公衆無線 LAN 環境においても個々のユーザの通信を暗号化できるようになった。これらを**表 5.3** にまとめる。

　IEEE 802.11i のもう一つの重要な要素である認証方法については，WPA，WPA 2 ともに対応している。どちらも企業や政府機関などが利用するエンタープライズモードと，家庭内や小規模の会社内などで利用するパーソナルモード

表5.3　無線LANの暗号化方式

規　格	暗号化アルゴリズム	暗号化方式	認　証
WEP　（IEEE 802.11）	RC4	WEP	802.1Xと組合せ可能
WPA	RC4	TKIP	802.1X, PSK
WPA2　（IEEE 802.11i）	AES	CCMP	802.1X, PSK
WPA3	AES	GCMP	802.1X, SAE

が用意されている。認証方式には**PSK**（pre-shared key）と**IEEE802.1X**がある。PSKは事前にパスワードを決めておく方式で，802.1Xは認証サーバを用いる方法である。企業などにおいては802.1Xを用いるのが一般的である。パーソナルモードではPSKのみが用いられる。

WPA3はIEEE 802.11iよりも後に策定されたが，WPA3においてもエンタープライズモードはIEEE 802.1X認証サーバを利用する。一方，パーソナルモードではPSKに代わって楕円曲線暗号を用いるSAEが採用されている。またWi-Fiスポット向けにOWEという暗号化を用いたEnhanced Openも登場している。

5.5　そのほかの無線技術

無線の技術はこれまで見てきたもの以外にもさまざまなものがある。固定電話をコードレス化したコードレス電話機ではおもに電波を用いている。古くはアナログ方式の規格もあったが，デジタル化以降はISMバンドの2.4 GHz帯を用いた周波数ホッピング方式のスペクトラム拡散技術が用いられている。2010年には日本でも世界規格の**DECT**(digital enhanced cordless telecommunications)に関連した技術基準などが整備され，1.9 GHz帯で利用されている。

Bluetooth（ブルートゥース）は近距離無線通信技術の一つである。IEEE 802.15.1として規格化され，デジタル機器どうしの接続に用いられている。無線LANと同じ2.4 GHz帯の電波を用いる。用途により電波の強さが異なるが，10 m以内程度（最大100 m）の距離で用いるものが多い。基本的に個人

で利用する。例えば，携帯電話や音楽プレイヤーとヘッドフォン，スピーカーの接続，ノート PC とマウスやキーボードの接続，スマートフォンやタブレット端末どうしやそれらとキーボードやその他の機器との接続などによく利用されている。2009 年に策定された Bluetooth 3.0 + HS（high speed）では最大で 24 Mbps 程度のスピードで通信できる。同じ 2009 年には Bluetooth 4.0 が公開され，LE（low energy）モードが追加された（**BLE**）。これにより対応機器が増えた。また，2016 年には Bluetooth 5.0 が公開され，2021 年 8 月現在では Bluetooth 5.3 まで規格化されている。Bluetooth はさまざまな機器で利用されるため，用途や機器ごとに実現すべき機能やプロトコルを**プロファイル**として個別に用意することになっている。

ZigBee（IEEE 802.15.4）は，日本では 2.4 GHz 帯を用いる近距離通信技術で，250 Kbps という低速な通信を行う。その特徴は低消費電力で安価なことであり，おもな用途は**センサネットワーク**である。センサネットワーク，IC カード，無線タグなどについては 11 章で述べる。

演 習 問 題

〔5.1〕 携帯電話に対して電話をかけると，相手がサービスエリア内にいて電源が入っていれば，どこにいても電話はつながる。これはどのようなしくみで実現されているのか調べなさい。

〔5.2〕 スマートフォンでは携帯電話網と無線 LAN を自動的に切り替えながら通信を行う機種が登場している。このように，つねにネットワークにつながっている状態が実現されると，それを利用したどのようなサービスが考えられるか。また，どのような問題が生じうるか考えなさい。

6章 ソーシャルネットワーキングサービス

◆ 本章のテーマ

ソーシャルネットワーキングサービスとは，2000年代中頃から急速に普及してきたコミュニケーションツールである。SNS は掲示板などと異なり，知り合いどうしを結びつけ，コミュニケーションを活発化させる狙いがある。また，単に直接的な知り合いどうしのコミュニケーションを促進させるだけでなく，知り合いの知り合いや，さらにはその先まで情報を伝播するようなクチコミ的な機能を持つ。

ここでは，SNS の基本的な機能といくつかの代表的な SNS の特徴を紹介している。また，SNS を利用するうえで意識すべき情報の見え方・伝播のしかたについて，Twitter を例に解説している。

◆ 本章の構成（キーワード）

6.1 ソーシャルネットワーキングサービスとは
コミュニケーションツール，つながり
6.2 代表的な SNS
Twitter，ツイート，リツイート，Facebook，いいね！，Instagram，
LinkedIn
6.3 SNS での情報の伝播：Twitter を例に
フォロー，フォロワー，リツイート，情報伝播
6.4 SNS を活用するために
ソー活，情報発信，プレビュー

◆ 本章を学ぶと以下の内容をマスターできます

☞ ソーシャルネットワーキングサービスのしくみとさまざまな機能
☞ 代表的な SNS とその違いについて
☞ どのように情報が伝播するのか，誰にどのような情報が見えるのか
☞ 就職活動などで SNS を活用するためには

6.1　ソーシャルネットワーキングサービスとは

ソーシャルネットワーキングサービス（SNS：social networking service）とは，人と人（人と組織／組織と組織）とをインターネットを介してつなぐサービスである。当初は Web コンテンツとして，PC 上のブラウザから利用するサービスであり，利用者・利用形態が限定されていた。しかし，携帯電話・スマートフォンが普及し，いつでもどこでもインターネットにつながるようになってからは，SNS はいっきに普及した。

SNS は**コミュニケーションツール**の一つといえ，各ユーザは自分の行動・経験などの情報を SNS 上に発信することができる。また，それらの情報に他のユーザはコメントをつけるなどやり取りをすることでコミュニケーションをはかる。このこと自体はブログと同じであり，これをもってミニブログと表現することもある。ただし，ブログは通常，コミュニケーションがブログ内に閉じられているが，SNS ではコミュニケーションが連鎖し伝播する。この連鎖情報が SNS の特徴の一つである，人と人との**つながり**からくるものである。

図 6.1 は SNS と既存のネットメディアであるブログ，掲示板などの位置づけを現したものである。図の横方向は情報の開示度合いを示している。掲示板やブログは，誰でもその内容を閲覧することができ，コメントなどが自由に書き込めることも多い。これに対してチャットは，チャットを行っているユーザ間のみで情報が開示される。

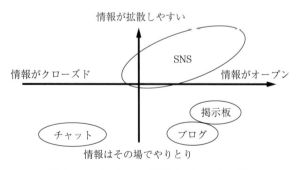

図 6.1　SNS とブログ，掲示板，チャットの違い

縦方向は情報の拡散のしやすさを示している。掲示板やブログは，やり取りされた情報が開示される範囲は，個々のサービス内に限られる。誰かが意図的にコピー＆ペーストを行わないと，情報が伝播・拡散することはない。また，チャットに関してはシステム内ですら内容が残らないことも多い。

　SNS でユーザがメッセージを発すると，そのメッセージはユーザ自身のメッセージ一覧以外に，そのユーザとつながりがある（そのユーザに注目している，あるいは，知り合いどうしであることを設定済みである）ユーザのメッセージ一覧にも自動的に表示される。これにより，ユーザとつながりがある人は発信者のメッセージ一覧を見に行かなくてもメッセージを受け取ることができる。また，これにコメントをつけることにより，元のユーザとつながりがない人でもコメントしたユーザとつながりがあるユーザであれば，もとのメッセージを閲覧できる。このように，情報が伝播していくことが SNS の大きな特徴といえる。

　通常，SNS 上のつながりの状態は公開されており，他のユーザのつながりから，新たなつながりを見つけることができる。このように，SNS のシステム内に，自然に（場合によっては強制的に）コミュニティができあがるところも SNS の特徴といえる。

　SNS として，古くは「ゆびとま」などがあるが，爆発的な普及のきっかけとなったのは Twitter が登場したことである。それぞれの SNS には特徴があり，Twitter などは一方的につながりを持つことができ，双方向のつながりではないため，つながりは緩やかであるが，情報の拡散が非常に早い。Facebook では相互につながりを認めた場合のみシステム上で関係を築くことができ，実名でコミュニケーションすることで強いつながりを持つ。**図 6.2**は，図 6.1 と同様の位置づけを各 SNS に当てはめたものである。

　また，ほとんどの SNS ではハッシュタグによってキーワードの強調あるいは検索向けフレーズを提供できる。**ハッシュタグ**とは，「#」（シャープ記号）＋単語（フレーズ）で表される。もともとは Twitter で情報を効果的に検索できるようにするための機能であるが，昨今では多くの SNS に取り入れられて

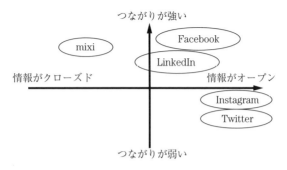

図 6.2　代表的な SNS の特徴・位置づけ

いる。ハッシュタグを使うことで特定のキーフレーズでの検索が容易になり，また，共通の話題を検索しやすくなる。

2021 年現在では，特徴的な機能を備えたさまざまな SNS が存在しており，Wikipedia によると国内外に 170 以上の SNS が存在する。twitter や Facebook のように多目的に使われるものもあるが，多くの SNS はゲームやアニメ，スポーツなど趣味などの特定のジャンルに根付いたものであることが多い。また，地域コミュニティのための SNS もある。

また，新しい SNS では文字以外のメディアのやり取りを目的としたものも増えてきている。写真共有を中心としたインスタグラム（Instagram），画像・イラストを共有する Pixiv，音声のやり取りを行うクラブハウス（Clubhouse）などがある。少し変わったものとしては，論文情報などを中心として科学者・研究者がつながりを形成する ResearchGate というものもある。

さらに，昨今ではゲームやメッセージングを含むチャットなどをおもな機能としたアプリケーションが SNS としての機能を併せ持つことも少なくない。

6.2　代表的な SNS

6.2.1　Twitter

Twitter とはオブビアス社（現在の Twitter）が 2006 年に始めたサービスであり，140 文字以内という短いメッセージ（= tweet，ツイート，つぶやき）

をユーザが発信できるサービスである。ユーザが発信したメッセージはその
ユーザを**フォロー**（＝登録）しているユーザ（**フォロワー**）の**タイムライン**
（メッセージの一覧）に表示され，これによりメッセージは他のユーザに届く
ことになる。逆の目線で記述すると，ユーザは Twitter にアクセスした際のデ
フォルトの表示として，自分がフォローしている数々のユーザのメッセージが
列挙されたもの（タイムライン）を閲覧することとなる。

　ユーザは他のユーザのメッセージに対して，コメントをつけることができ，
短いメッセージでやり取りを行うことができる。インスタントメッセージや
チャットと異なるのは，これらのやり取りがデフォルトでは公開されている，
ということである。やり取りをしているいずれかのユーザのみならず，これら
のユーザを介して，あるいは検索によって，もとのメッセージにたどり着くこ
とがあり，そこからフォローしていないユーザどうしでのやり取りが行われる
こともある。

　このことから，Twitter をミニブログあるいはマイクロブログと呼ぶことが
あるが，ブログや掲示板とも異なる面もある。ブログや掲示板は誰が見ても同
じ内容を見ることとなるが，Twitter では見るユーザによって見える情報が異
なる。たどっていけば個々のメッセージを閲覧することはできるが，一連のや
り取りをすべて閲覧することは難しい。複数のユーザが入り混じったやり取り
をたどりきれないためである。

　また，Twitter の特徴として挙げられるのが，**リツイート**機能である。リツ
イート機能は，誰か他のユーザがつぶやいた気になるツイートを見つけた際に
利用する機能で，気になるメッセージをリツイートすることで，そのメッセー
ジを自分のフォロワーのタイムラインに表示させることである。これは，もと
のツイートのユーザがつぶやいたものとして他のユーザに伝わる。これによ
り，興味深いツイートは他のユーザへと口コミのように伝播していく。自分が
フォローしていないユーザのツイートが自分のタイムラインに現れることがあ
るのは，他のユーザがリツイート機能を使っているからである。

　Twitter でのツイートの見え方，伝播状況は具体例とともに次節で紹介する。

6.2.2 Facebook

Facebook は Facebook（現，Meta）の創業者であるマーク・ザッカーバーグ（Mark. E. Zuckerberg）が学生時代の 2004 年に開発した交流サイトが始まりであり，当初は学生向けのものであった。2006 年に一般向けに公開し，日本語対応したのは 2008 年からである。

Facebook の特徴の一つとして，実名を含めた個人情報の利用が挙げられる。Facebook は実際の直接的な知り合いとネットワークを通してもコミュニケーションをとることが前提となっており，実名や出身校などの情報をもとに知人を見つけ出し相互に承認することで「友達」としてつながることができる。なお，これらの情報は，完全な「公開」以外に，「非公開」や「友達まで公開」など個別に設定することができる。Facebook でコメントを投稿すると投稿したユーザ自身および友達の**タイムライン**（コメントなどの一覧）に表示される。これによりユーザは友達の投稿を知ることができ，コメントなどを行うことができる。

Facebook のもう一つの特徴が，**いいね！**機能である。これは Facebook を有名にしたキーワードでもある。Facebook では投稿したメッセージや Web ページに対して，「いいね！」ボタンをクリックすることでシンプルにその記事や Web ページに対して興味があることを示すことができる。通常，ブログや掲示板ではメッセージに対して何らかの意思を表示する手段としては，コメントを返すという方法がある。この方法は Facebook でも利用可能ではあるが，コメントをつけずとも興味があることを示すことができる「いいね！」は気軽に意思表示をする手段として Facebook をメジャーにすることに一役買った。ユーザが他のユーザの投稿や Web ページに対して「いいね！」を行った場合にも友達であるユーザのタイムラインにそのことが表示される。

6.2.3 Instagram

Instagram は写真・動画を共有する SNS である。言葉によるメッセージよりも，写真など一目でわかり，共感が得られる情報を主体としてコミュニケー

ションをはかる。投稿された写真にコメントをつけたり，他のユーザをフォローすることや，共感した写真に「いいね！」をつけるなど，SNS の基本機能を一通り備えている。

Instagram は日本においては「インスタ映え」という言葉とともに浸透してきた。インスタ映えとはインスタグラムに投稿した際に，見映えが良くなるような写真であり，インスタ映えする写真は多くの「いいね！」を集めることができる。

2010 年にスタートした Instagram は，2012 年に Facebook（現，Meta）に買収され傘下にあるが，サービスとしての Facebook とは独立している。

6.2.4 LinkedIn

LinkedIn は 2003 年に登場した世界で最初のビジネスに特化した SNS である。SNS としてのつながりの中でも特にビジネスでの取引先との連携や新しい顧客の獲得，新しい人材との連携，獲得などを重視している。LinkedIn を使ったヘッドハンティングや人材発見，獲得なども行われている。日本では当初，「転職用 SNS」というような扱われ方が多かったが，転職に限らず，ビジネスパートナーの発見など仕事の幅を広げるためにも使われている。

ユーザは，プロフィールとして通常の SNS で入力するような基本情報のほかに，自分の持っているスキルなどを入力することで，ユーザの能力を必要としている企業などと接点を持つことができる。

6.3　SNS での情報の伝播：Twitter を例に

6.3.1　フォローによるソーシャルネットワーク

SNS における共通の特徴は，ユーザの発した情報のうち，つながりがある人が興味を示した情報は他へ伝播していき，多くの人の目に止まるようになるということである。面白い・興味深い情報はクチコミのように広がっていき，数万人の目に止まることもある。ここでは，Twitter を例に，情報が他のユー

ザからどのように見え，それがどのように伝播していくかを示していく。まず，Twitter でのフォロー・フォロワーの関係が**図 6.3** のようにあるとする。図中の矢印はフォローしていることを示す。

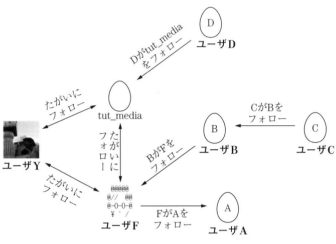

図 6.3 前提となるフォロー関係

6.3.2 フォロワーへの情報伝播

ここで，**図 6.4** の tut_media がツイートを投稿したとき，この投稿は tut_media をフォローする 3 人のユーザ（ユーザ D，F，Y）のタイムラインに表示され，これらの 3 人が目にすることになる。

この投稿に対して，ユーザ F がコメントをつぶやくと，これらのコメントはユーザ F をフォローする 3 人（ユーザ Y，tut_media およびユーザ B）のタイムラインに表示される（**図 6.5**）。この状態では，もとの投稿が見えていたユーザ D にはユーザ F のコメントは届かない。また，ユーザ B にはもとの投稿は見えておらず，ユーザ F のコメントのみが見えていることになる。

なお，厳密には，新たにコメントをした場合と**返信機能**を用いてコメントした場合では，見える範囲が異なる。Twitter では「@（アットマーク）＋誰かの ID」を含む文章は特定ユーザ向けのツイートとして扱われる。返信の場合には「@（アットマーク）＋相手の ID」が文の先頭につく。この場合は，元

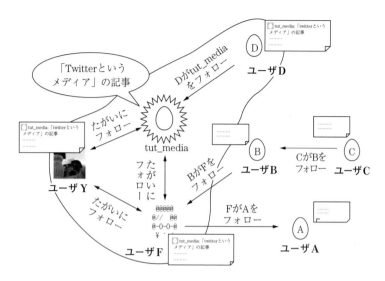

図 6.4 最初の投稿が見える範囲

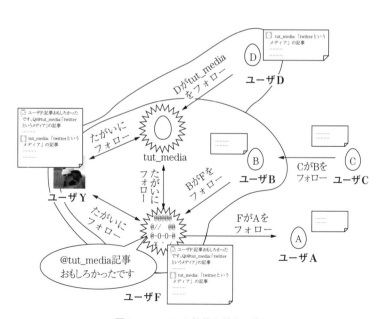

図 6.5 コメント投稿が見える範囲

コメントのユーザおよび返信したユーザの双方をフォローしているユーザのタイムラインにのみコメントが表示される。図6.5の場合，返信機能でのコメントがタイムラインに表示されるのはユーザYのみである。

この「@（アットマーク）＋誰かのID」は本文のどこにでも入れることができ，投稿の先頭以外に入っているツイートは**メンション**と呼ばれ，投稿したユーザをフォローしているユーザのタイムラインにも現れる。

6.3.3　リツイートによる情報伝播

ユーザFが単にコメントをするだけでなく，tut_mediaが発した情報を他の人にも見てもらいたいと考えた場合，**リツイート**機能が利用できる。ユーザFがtut_mediaの投稿をリツイートすると，tut_mediaをフォローしていない（しかし，ユーザFをフォローしている）ユーザBのタイムラインにもその投稿が表示される（**図6.6**）。

リツイートは繰り返し行うことが可能であり，ユーザBがこのツイートをさらに他の人に広めたいと考え，リツイートを行うことで，ユーザBをフォロー

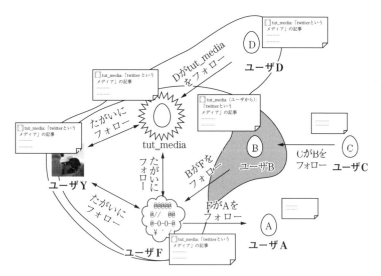

図6.6　リツイートによって元ツイートが見える範囲が広がる

しているユーザ C にまで tut_media のツイートが見えるようになる（**図 6.7**）。

このようにして，コメントはつぎからつぎへと伝播していき，より多くの人の目に触れることになる。

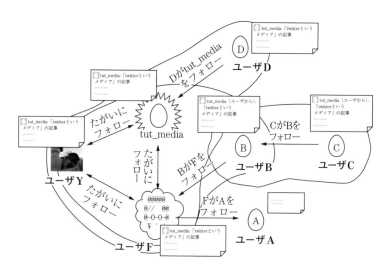

図 6.7　リツイートが繰り返されることによりツイートが伝播する

6.3.4　鍵アカウント

現在の Twitter では，tweet を見せる相手を制限する鍵アカウントというしくみがある。アカウントを鍵アカウントに設定することで

・フォローしているアカウントからのみ tweet の閲覧が可能

・フォローするためには鍵アカウントからの承認が必要

とすることができる。鍵アカウントを活用することで閉じたコミュニティでのやり取りができプライバシーが広まることを抑えることができる。ただし，ユーザが広く情報を発信したい場合にも限られた相手にしか伝わらなくなる。

<table>
<tr><td>**6.4**</td><td>**SNS を活用するために**</td></tr>
</table>

現在では，SNS は使っていて当たり前の状態になりつつある。実際，SNS

を就職活動に活用するという意味で，**ソー活**といった言葉が生まれるほど，SNS の利用は進んできている。現状では，SNS を利用しているという状態は「使っていればプラス評価，使っていなくてもゼロ評価」という状態であるが，今後は，「使っていないとマイナス評価，使っていてもゼロ評価であり，使い方しだいではプラス評価にもマイナス評価にもなる」というように変わっていくだろう。

　就職活動での利用などの場合，人事担当者が SNS で探したときに，見つからない，あるいは見つかっても情報がほとんどないという状態では評価が下がりかねない。そうならないために，公開情報を無関係の人が見た際に，興味深い人間に見られるような記述が必要となる。また，過去にさかのぼって情報が見られることを意識しておき，早い時期から適切な情報を公開しておく。そのためには，自分の日常や，自分が興味があることなどについて積極的に情報発信をしていく。その際，それらの情報を誰に見せるのかを意識する。

　多くの SNS で，自分の情報が無関係の人からどのように見えるのかを確認する**プレビュー**機能があるので利用するとよい。

　逆に，周りへの影響をまったく考えずに利用したがゆえにさまざまなトラブルが発生する例も出てきている。SNS を単なる1対1のメッセージングツール，あるいは狭い範囲の知人の間でのコミュニティツールと勘違いすることでトラブルが発生した例を以下に挙げてみよう。

- ・アルバイト先に著名人が来たことをつぶやいたことにより，著名人のプライバシーを侵害してしまう。
- ・カンニングなど規則違反行為に関することをつぶやき，処罰にいたる。
- ・犯罪あるいはそれに類することをつぶやき，逮捕にいたる。
- ・他人の悪口や不謹慎な発言により，名誉毀損で訴えられる。

　これらの結果により，裁判沙汰になったり，仕事を解雇されたなどの例が実際に発生している。いずれも，誰が自分の発した情報を見るのかなどはまったく気にせず，知人に対するプチ自慢から行っているようである。

演 習 問 題

〔6.1〕　SNS を就職活動など自己 PR の場として利用する際の注意点を，プラス面（したほうがいいこと）とマイナス面（してはまずいこと）それぞれから検討し，理由とともにまとめなさい。

〔6.2〕　複数の SNS を利用し，それぞれのサービスの違い（各サービスの特徴）とそれらの特徴の活用方法について検討し，まとめなさい。

7章 検索サービス

◆ 本章のテーマ

インターネット上に散らばるさまざまな情報から必要な情報を探し出す能力は，現在の情報社会で活動するうえで不可欠な技術となりつつある。ここでは，有益で正しい情報を見つけ出すための検索技術について解説する。また，検索エンジンの裏側で何が行われているかについても紹介し，これをもとに効果的な検索ができるようになるための知識を身につける。

◆ 本章の構成（キーワード）

7.1 情報検索の概要
    検索サイト，検索書式，想像力

7.2 Google での検索の基本
    検索結果件数，ファイルタイプアイコン，単語の自動分割，フレーズ検索，あいまい検索，ヘッダ

7.3 Google でのさまざまな検索方法
    AND 検索，OR 検索，NOT 検索，検索演算子，サイト内検索，ファイルタイプ検索，検索キャッシュ，電卓機能

7.4 検索エンジンのしくみ
    全文検索，メタ情報，クローラ，インデックスエンジン，検索エンジン

7.5 SEO と検索エンジン SPAM
    検索エンジン最適化，メタデータ

◆ 本章を学ぶと以下の内容をマスターできます

☞ 情報検索の概念と利用の意義
☞ 検索を行う際のさまざまなテクニック
☞ 複雑な検索を行うときの効果的な検索キーワードの選び方
☞ 検索エンジンのしくみ

7.1 情報検索の概要

7.1.1 情報検索とは

インターネットが普及し，World Wide Web の世界には膨大な量の Web ページが存在する。ここから自分に必要な Web ページを見つけ出すためには，効果的に Web 検索を行う必要がある。

Web での情報検索を行うためには，**検索サイト**で知りたい内容についての**キーワード**を入力すればよい。しかし，コマーシャルなどで宣伝されているような単語一つで目的のページにたどり着けることは少なく，検索する際にも技術と工夫が必要となる。もちろん，大量の検索結果を一つひとつ見ていくということもできるが，検索結果が数万ページもある場合，すべてをチェックすることは現実的ではない。

情報検索を行う際に，単純に何らかの答が一つ得られればよい場合と，さまざまな意見や調査結果などのような，詳細な情報を複数必要とする場合がある。前者の場合には結果を得ることはたやすいが，レポートや論文をまとめるために必要となる後者のような情報を得るためには，効果的に情報を絞り込む必要がある。また，併せて検索結果の妥当性についても意識する必要がある。掲示板やコミュニティサイトなどでも有益な情報が得られることはあるが，単なる個人の感想や噂も少なくなく，間違った情報に行きつくこともある。あいまいな情報が見つかった際には，多くの情報を確認し，信頼できる情報を手に入れる必要がある。

情報検索は Web が登場し，情報共有がしやすくなり始めてすぐに登場してきた。古くは Altavista などがあったが，いまではすでに存在しない検索エンジンも多い。日本では，長らく，Yahoo! JAPAN と Google がシェアを二分していたが，現在では Google がトップシェアとなっている。Yahoo! JAPAN と Google は，総合ポータルか検索に特化したサイトかの違いがあるものの，現在では Yahoo! JAPAN も検索エンジン自体は Google と同じものを使っている。昨今では，ここに Microsoft Bing が加わり，シェアを伸ばしてきている。こう

いった，世の中のあらゆる Web ページを検索するもの以外に，それぞれのサイトで設置されるサイト内検索というものもある。Google などの機能を用いて実装されているものもあれば，Namazu などの検索エンジンアプリケーションを用いて，サイト内で独自に検索できるようにしてある場合も少なくない。

7.1.2　情報検索に必要なもの

情報検索を行うには検索サイトが必要となるが，これとともに必要な大きな二つの要素が，複雑な検索を可能とする**検索書式**と検索に必要となる単語を絞り出す**想像力**である。検索書式は多くの検索サイトでも利用できるもののほかに各検索サイト独自のものもあり，この記述方法のテクニックを活用することが効果的な検索を行ううえでのポイントとなる。本書では検索サイトとしてGoogle を扱い，併せてその検索書式を次項以降で紹介していく。

二つ目の要素として挙げた想像力とは，検索に必要な単語をいかに見つけられるかということと，必要とする結果のページがどのようなものなのかを想像する力である。検索キーワードを入力する際には，単に一つの単語を入れるのではなく，関連する複数の単語を入力することで，検索結果の絞り込みができる。これらのキーワードを見つけ出す際に，単に類似の単語を入れるというのではなく，求めるページがどのようなものであり，そこに含まれている単語がどのようなものかを想像する必要がある。

例えば，ある商品に関するクチコミなどの使用者の感想を読みたいときに，キーワードに「クチコミ」を追加する方法もある。これによってクチコミサイトを見つけることはできるが，個人のブログの場合，「クチコミ」という単語が含まれることはまずない。この場合はブログ検索を用いるなどの工夫も必要となる。

7.1.3　情報検索時の心構え

検索を行う際に，単純な結果を得たい場合でない限り，キーワードを足したり変えたりしながら繰り返し検索を行い，求める結果を探し続けるという試行錯誤の姿勢が重要となる。

ただし，何がなんでも一つの検索サイトにこだわり続けるというスタンスは，検索の遠回りになるので避けたほうがよい。検索対象によっては専門サイトを利用したほうが効果的である。例えば，書籍を探すならば Amazon.com あるいは自治体・大学の図書館サイトや国立国会図書館のサイトなども利用できる。また，家電製品の価格を知りたいのであれば，価格.com などの商品価格サイトが利用できる。

　キーワードを入れ替えるなど手を動かして検索を続け，突き詰めることも必要ではあるが，情報検索自体は手段に過ぎず，ここに無限に時間をかけるわけにはいかない。検索を行うときには，スピード感を持って効果的に検索を進めることを心がけるとともに，時には検索サイトでの検索をあきらめ，別の手段に切り替えることも必要である。最後の手段として，情報を豊富に持っていそうな知人に聞いてみることも有効な検索手段であることを忘れてはならない。

7.2　Google での検索の基本

7.2.1　検索結果の全体の見方

　Google での検索でもほかの検索サイトと変わらず，まず，キーワードを入力すると関連するページが列挙されるようになっている（**図7.1**）。

図7.1　Google での検索結果

検索結果のページを **SERPs**（search engine result page）という。SERPs が出た際には，いきなり個別の内容を見ていくのではなく，検索結果全体を俯瞰する。

　まず，確認するのは検索結果の件数である。検索結果の上部に「約 nnn 件 (a.aaa 秒)」や「約 nnn 件中 m ページ目 (a.aaa 秒)」などといった情報が表示される。図 7.1 は「情報検索の方法」というキーワードで検索した例であり，ここでは「約 8 330 000 件（0.20 秒)」と表示されている。ここに出てくる「約 nnn 件」は対象となった Web ページがどのくらい存在するかの目安[†] である。一般的な単語を一つ，二つ入れた状態で検索を行うと，数億件といった結果になる。

　検索結果件数が多すぎる場合，無関係のページがまぎれ込んでいることが多くなり，目的のページを見つけ出す手間が増える。このため，キーワードの追加や検索式を工夫することで，検索結果を絞り込み，精査すべきページを減らしていく。

　検索結果の件数については，何件まで絞り込めばよい，という明確な答はない。ただし，単純に件数が減ればよいわけではなく，関係のない単語で無理やり絞り込んでも意味がないので注意が必要である。

　検索結果の前に，検索キーワードに対するヒントや修正が表示されることがある。検索キーワードが間違った単語を利用したと Google が判断した場合，「次の検索結果を表示しています：……，元の検索キーワード：……」と表示されることがある。例えば，検索キーワードに「東京効果大学」とタイプミスをして入力した場合，「次の検索結果を表示しています：東京工科大学　元の検索キーワード：東京効果大学」と表示され，入力した検索キーワードである「東京効果大学」とは異なるキーワードである「東京工科大学」で検索した結果が表示される。元のキーワードを間違えている場合は，Google の提案をそのまま受け入れて検索結果を見ればよい。キーワードが造語などの場合，一般

[†]　この検索結果件数は，検索結果を見進めたり，検索するタイミングや場所が異なったりすると変わることもある。

的な単語のキーワードが提案される場合もある。この場合，**元の検索キーワー
ド**のリンクをクリックし元のキーワードでの検索結果へ移行させる必要があ
る。

　また，検索結果の後ろには検索キーワードを補うためのヒントとして**他の
キーワード**や**関連する検索キーワード**などが表示されることがある。これは，
検索内容に関連するキーワードの候補を示しているので，適切なキーワードが
表示されている場合には有効に利用したい。

7.2.2　検索結果の個々の情報の見方

　検索結果は基本的に 10 件ずつ表示される。個々の結果には，当該ページの
タイトルと概要，URL，ページの更新日などが表示される。ページの概要に
は，当該ページ内での検索に使用した単語の前後の文が抜き出されている。

　検索結果は HTML ページ以外の場合もあり，この場合，各検索結果の行頭
に [PDF]，[DOC]，[PPT] などの**ファイルタイプアイコン**が表示される。

　また，使用した検索キーワードが通常の Web ページ以外に，ニュースや動
画，画像での検索でも適切な結果が得られる場合には，それぞれのリンクが検
索結果として現れることがある。例えば，「東京工科大学」というキーワード
で検索した際に，検索結果に「東京工科大学のニュース検索結果」というリン
クが現れ，ニュース検索に誘導するようになっている。なお，検索結果の最上
位に企業などのトップページがくる場合には，当該ページのメニューのリンク
が併せて表示されることがある。

　これらの検索結果を眺め，適切そうな結果がリストアップされているかを判
断し，必要に応じてキーワード追加し検索を繰り返していく。

7.2.3　情報検索の基本

　Google における検索では，Google から観測可能なあらゆる Web ページを対
象に全文検索が行われている。この際，原則として大文字・小文字の違いは無
視され，スペースで区切られた検索キーワードによる **AND 検索**（すべての

キーワードを含むページを検索）の結果を表示している。

　キーワードを増やして，AND 検索を行っている場合にはキーワードが増えれば増えるほど，検索結果は絞り込まれ，結果数は少なくなっていく。このため，検索結果が数万〜数百万件になる場合には，キーワードを追加して絞り込みを行う。

　〔1〕 **単語の自動分割**　　Google では，複数の単語が連結されてできている単語をキーワードとしている場合には，単語を分割して AND 検索を行った結果も併せて表示される。例えば，「東京工科大学」で検索した場合，東京工科大学を 1 ワードとして検索した結果のほかに，「東京」，「工科」，「大学」の三つのキーワードで AND 検索を行った結果も混ざって表示される。文章が入力された場合にも，同様に単語単位に分割されて検索が行われる。この場合，助詞は検索キーワードからは除去される。

　なお，勝手に分割されてしまっては困るという場合には，**フレーズ検索**を用いるとよい。複数の単語がつながった単語，あるいは文章などのフレーズをダブルクォート記号（"）で囲むことにより，それらをまとまった一つの単語として検索することができる。例えば「東京工科大学」を「" 東京工科大学 "」とすることで，分割された検索は行われなくなる。「メディア学大系」のように，カタカナ・漢字（あるいは，ひらがなやアルファベット）が混ざる単語は，分割されてしまうため，フレーズ検索することで検索効率を上げることができる。フレーズ検索は，文章なども検索できるため，台詞などを検索する際にも活用できる。

　〔2〕 **あいまい検索**　　日本語では，同じ意味の言葉が複数の表記方法を持つことがある。Google など昨今の検索サイトでは，これらは同じ言葉として検索される。カタカナ語でこれらの単語は顕著にみられるが，人の名前などの漢字での字体の違いも同じものとして検索される。

　例 1）　「バイオリン」で検索した場合でも「ヴァイオリン」も検索結果に表示
　例 2）　「藤澤」と「藤沢」は区別なく検索される
　例 3）　英語の複数形表記は単数形表記と同じように検索される

〔3〕 **検索結果ページに検索キーワードが見当たらないとき**　　検索結果に
出てきたページへ移動して文書を読んでいると，検索時に使用したキーワード
が見当たらない場合がある。検索サイトは世の中の Web ページを直接検索し
ているわけではなく，一度，検索サイト内にキャッシュしてから検索してい
る。そのため，ページ内容に変更があった場合，実際のページと検索サイトが
キャッシュしているページの内容に相違が出ることがある。これは，本文が書
き換わっている場合もあるが，ページ内の記事一覧メニューや広告などにキー
ワードが含まれてしまい，検索結果にたまたま出てくることがある。

　また，検索の際にはページの本文だけでなく，**ヘッダ**と呼ばれる文書のさま
ざまな情報を蓄えてある部分も検索対象となるため，本文に検索キーワードが
見当たらない場合もある。ページヘッダには，そのサイトやページを表すキー
ワードや説明を記載することができ，検索時に利用される。例えば，東京工科
大学サイトのトップページには**図7.2**のようなヘッダが含まれている。

```
<meta name="description" content="東京工科大学には、工学部、コンピュー
タサイエンス学部、メディア学部、応用生物学部、デザイン学部、医療保健
学部のほか、大学院、教養学環があります。各分野において、1986年より社
会に貢献できる人材を数多く育成しています。HP内では、各学部や大学院、
研究室の紹介をはじめ、学生生活や入試情報、キャンパス内の様子をご紹介
します。就職や資格支援の内容も閲覧でき、入学案内のほか採用担当の方の
資料請求も無料で請求可能です。インターネットでの入学試験出願も推奨し
ています。">
<meta name="keywords" content="東京工科大学,工科大学,大学,TEU,私立大学,
教育,教育機関,研究機関">
```

図7.2　Web ページのヘッダ情報

　ここに含まれる単語を使って検索した場合，これらの単語が本文中に含まれ
ていない場合でも，検索結果にページが出てくる場合がある。

7.3　Google でのさまざまな検索方法

7.3.1　基本演算子の利用

　検索する際には，単純にキーワードを増やして **AND 検索**で絞り込むだけでなく，いずれかの単語を含む **OR 検索**や特定単語を含まないようにする **NOT 検索**などが利用できる。また，Google ではこれらの基本的な検索演算子に加えて，Google 独自の演算子を利用することで，特定のサイトからの検索などを行うこともできる。

　ここでは，これらの演算子の利用方法について順に述べていく。

　〔1〕 **AND 検索**　　検索キーワードをスペース記号で区切って列挙した場合，すべてのキーワードが含まれるドキュメントを探し出す AND 検索となる。詳細な検索を進める際，とりあえず最初は検索結果の絞り込みのためには検索キーワードを増やし AND 検索を続けていく。

　〔2〕 **OR 検 索**　　パイプ記号 " | " で単語をつなぐことにより，前後の単語のいずれかを含むページを探すことができる。OR 検索はパイプ記号で順次つなぐことにより，三つ以上の単語のいずれかを含むページを探すこともできる。

　同じ意味の言葉のどれが使われるかわからない場合や，読み方の違いをあいまい検索で吸収されない場合などに用いる。

　例1） 赤ちゃん | 新生児 | 赤ん坊

　例2） ベッテル | フェテル

　OR 検索は単独で利用するよりも AND 検索と併せて利用することのほうが多い。この場合，OR 検索の部分を括弧でくくることにより，条件を明確化して検索することができる。

　例） セバスチャン（ベッテル | フェテル）

　この検索式で「セバスチャン　ベッテル」あるいは「セバスチャン　フェテル」が検索される。

　〔3〕 **NOT 検索**　　マイナス記号 " − " を単語の前につけると，その単語を含むドキュメントは結果から除去することができる。NOT 検索は単体で使

うのではなく，AND 検索の中の一つ以上（単語数未満）の単語に対して記号をつける。NOT 検索を利用するシーンとしては，以下のような場合が考えられる。

・検索結果に出てくる関係のないページに共通するキーワードが含まれる場合

例1）　ウルトラブック　－価格

　　ウルトラブックというノートパソコンの定義について調べたいが，「ウルトラブック」で検索すると価格比較サイトや製品情報が出てきてしまう，といった際に，「－価格」をつけることで，「ウルトラブック」という単語を含むページの中から，「価格」という単語を含まないページが結果として表示される。

・主となるキーワードを含む別のキーワードに関連するページが出てくる場合

例2）　インターネット　－"インターネットエクスプローラ"

　　インターネットで検索される結果のうち，「インターネットエクスプローラ」という単語を含むページを排除した結果が表示される。

・あいまい検索の結果から一部を除去する場合

例3）　ヴァイオリン　－バイオリン

　　「ヴァイオリン」で検索すると，あいまい検索の結果「バイオリン」を含むページも出てくるが，NOT 検索で除去することにより「バイオリン」という単語を含むページを排除した結果が表示される。

　なお，NOT 検索を行う際には，マイナス記号とその前にある単語の間には必ずスペースを入れる必要があり，また，マイナス記号の後ろにはスペースを空けずに検索結果から除外する単語を続ける必要がある。

　これらの三つの基本検索機能を用いて検索を行う流れとしては，以下のようになる。まず，思いつく単語で検索を行い検索結果をざっと見る。このとき，はじめから2単語以上で検索するように心掛ける。いずれかの単語に代替となる単語がある場合には OR 検索で単語を追加する。検索結果に，関係のないページが多く含まれている場合には，関係のないページに共通する単語をNOT 検索キーワードとして追加する。

これらの検索を行う際には，検索結果としてどのようなページ・サイトが想定されるかを想像し，適切な単語を用いるようにする。

7.3.2 Google の独自演算子の利用

Google には，通常の検索以外にいくつかの特殊な検索を行うための独自の演算子が用意されている。これらは，指定のサイトを対象に検索を行うものであったり，検索対象のファイル形式を指定するものなどである。

表7.1 は，さまざまな検索演算子から有効に利用できるものをまとめたものである。本項ではこれらの演算子について紹介する。

Google 独自の演算子は，単項演算子であり「予約語＋：」という形式にな

表7.1　Google 独自演算子の一覧

演算子	説　明
site:	サイトで絞り込む
link:	当該ページへのリンクを探す
intitle:	タイトルから検索
intext:	本文のみから検索
inurl:	URL から検索
filetype:	ファイルの種類を指定
define:	定義についてのドキュメントを検索

る。この演算子に続けて対象となるキーワードを記述する。

〔1〕　**サイト内検索「site:」**　　**site: 演算子**は特定のサイトを対象とした検索を行うものである。site: の後ろには URL の「http://」を除いたものの一部を指定することができる。なお，サイトの指定には，サーバ名の後ろのパス名も含まれていてもよいし，サーバそのものではなく，ドメイン部分だけでもよい。

例1）　site:www.teu.ac.jp　学生寮

　　東京工科大学のメイン Web サーバである www.teu.ac.jp を対象とし，
　キーワード「学生寮」を含むページが結果として表示される。

例2）　site:teu.ac.jp/gakunai/　学生生活

東京工科大学のドメインである teu.ac.jp にあるすべてのサーバで，ファ
イルパスが /gakunai/ であるページのうち「学生生活」を含むページを表
示する。

〔2〕　**リンク検索「link:」**　　link: 演算子は，指定のページに対するリンク
を持っているページを見つけ出す。link: の後ろに URL の「http://」を除いた
ものを記述するが，その一部でもよい。ページが持つリンクの一部が指定した
ものに一致すれば検索結果に現れる。

〔3〕　**ページの一部情報に限定「intitle:」，「intext:」，「inurl:」**　　通常，
検索時には，ページが持っている（日常的には閲覧者が目にしない）メタ情報
も含めて検索の対象となるが，これらの演算子によりページ内の一部を検索対
象とすることができる。

intitle: 演算子は，ページタイトル，すなわちブラウザの各ページのタブに
表示される部分を対象とした検索である。**intext: 演算子**は，ページの本文を
対象とした検索であり，ページタイトルなどのメタ情報を無視する。**inurl: 演
算子**は，URL を対象とした検索となる。

〔4〕　**ファイルの種類を指定「filetype:」**　　filetype: 演算子は，いくつか
の特定のファイルタイプのコンテンツを検索することができる。指定可能な
ファイルタイプは pdf, ppt, doc などである。これは，ファイル拡張子ではない
ので jpg などの指定はできない。

　例）　東京工科大学　filetype:pdf
　　　　東京工科大学というキーワードが含まれる pdf ファイルを検索する。

〔5〕　**言葉の定義を探す「define:」**　　define: 演算子を利用すると辞書サ
イトや，百科事典サイトを対象に言葉の意味や定義を調べることができる。

〔1〕～〔5〕で示したこれらの演算子は，単体で使うものではなく，
AND / OR / NOT 検索，フレーズ検索などと組み合わせて利用する。例えば，
東京工科大学の Web コンテンツのなかで，「藤澤」を含むが PDF ではないファ
イルを探したいときには

　　site:teu.ac.jp　藤澤　−filetype:pdf

という検索式になる。また，通常，日本の大学のドメインはac.jpで終わることを覚えておけば，日本の大学を対象とした検索には，site:ac.jpが使えることがわかる。大学でPDFファイルで公開されている論文を探す際には以下のような検索式になる。

　例）　site:ac.jp　filetype:pdf　その他キーワード

7.3.3　そのほかの検索テクニック

　Googleには，これら以外にもさまざまな機能がある。検索に直接関係するキャッシュ機能や「画像・動画検索」などのほかに，計算や単位変換などが可能な「Google電卓機能」などである。これらは，Googleでの改善とともに新しく追加されたり消えていく機能ではあるが，ここでは**表7.2**に示すいくつかの機能について紹介する。

表7.2　そのほかの便利な機能

名　　　称	説　　　明
検索キャッシュ	Googleで保管済みのキャッシュ情報の閲覧
単語連結	キーワードを連結して検索
＋演算子による検索	自動処理の抑制
画像・動画検索	画像や動画の検索
ニュース検索	ニュース記事の検索
電卓機能・単位変換機能	計算や単位変換

　〔1〕　**検索キャッシュ**　　Googleは検索対象のコンテンツをキャッシュとして保持している。これらのキャッシュされたコンテンツは，検索エンジン内部で利用されるだけでなく，検索ユーザが閲覧することもできる。キャッシュがあることで，もとの情報が失われていたり，サーバが一時的に停止している場合でも，検索結果の中身を見ることができる。

　キャッシュコンテンツは，各検索結果のタイトルの上にあるURLの右側の▼マークをクリックして出てくる「キャッシュ」をクリックすることで見ることができる。

〔2〕 **単 語 連 結**   複数の単語が，なるべくその順番で近くにあるような
ドキュメントを探したいときには，単語を連結した状態で検索することもでき
る。検索に利用する単語と単語をマイナス記号 (-) またはピリオド (.) でつな
いで検索する。この際，記号の前後にスペースは入れない。

例1） ネクタイ-洗い方

例2） Kimiya-FUJISAWA

英文のように単語をスペースで区切る場合に有効である。通常検索だと検索
結果が多すぎるが，フレーズ検索だと少なすぎる場合などに利用する。

また，これもほかの検索方法と組み合わせて利用できる。

例） 私-（が ｜ は）-"藤澤です"

〔3〕 **「＋」演算子による検索**   「＋」演算子には Google が自動的に行う
処理を抑制する効果がある。その一つは，通常の検索では自動的に除去される
助詞などの単語を無理やり含めることができる。また，もう一つの機能とし
て，あいまい検索を行わずに，＋演算子の直後にある単語をそのままの形で検
索を行う。通常の検索時には「ヴァイオリン」はヴァイオリンでもバイオリン
でもいずれかの単語を含んだページの検索を行うが，「＋ヴァイオリン」と表
記することで，「ヴァイオリン」が含まれるページのみが検索結果に出てくる
ようになる。

また，英語の場合には，単数形・複数形が区別されるようになり，入力され
たキーワードそのものを探してくれる。なお，NOT 検索における演算子「−」
と対にはなっていないので注意が必要である。

〔4〕 **画像・動画検索，ニュース検索など**   一般的な Web コンテンツ以
外に，画像や動画などを対象とした検索や，ニュース記事を対象とした検索を
行うこともできる。これらは，検索結果ページの上にあるメニューから選択す
ることで検索を行えるようになっている。

画像検索では，検索のオプションとして，画像のサイズやおもに使われてい
る色などをメニューから指定することができる。

Google ニュースでは新聞社や報道サイトなどのニュース記事を対象とした

検索を行うことができ，トップページには新しい記事が並んでいる。このため，ニュースを検索するだけでなく，日々のニュースチェックにも利用できる。スポーツやエンタメなどいくつかのカテゴリが用意されており，これとは別にヘッドラインおよびおすすめというセクションがある。

〔5〕 **電卓機能，単位変換機能**　Google には検索フォームを利用して，通常の検索以外にできることがいくつかある。

電卓機能では検索フォームにキーワードの代わりに数式を入れることで，その演算結果を得ることができる。この電卓機能では，四則演算（＋－＊/）のほかに，べき乗（＾），余算（％），二乗根（sqrt(値)）などの演算もできる。また，定数として pi（円周率：π）などが利用できる。

例1）　(1+2*3)/4

例2）　sqrt(2)*sqrt(3)

例3）　3*2*pi

単位変換機能は，電卓機能の一部であり，異なる単位系での値を変換することができる。「数字（単位1）を（単位2）で」と検索フォームに入力することで，ある単位1での値を単位2で表したときの値を得ることができる。また，単なる単位だけでなく，通貨の為替変換を行うことができる。

例1）　1尺を m で

例2）　100mile/hour を km/h で

例3）　100 ドルをユーロで

これら以外にも，さまざまな機能がある。これらの機能は追加あるいは削除が行われ，つねに改善されている。検索にかかわる機能に関しては，「Google 検索ヘルプ†」を参照すると詳しい情報を得ることができる。

7.3.4　情報検索の手順・流れ

〔1〕 **最初のキーワードと AND 検索キーワードの追加**　情報検索を行う

---

†　https://support.google.com/websearch

際には，検索を繰り返すなかで，単語を入れ替えて検索式を構築していく。最初の手順としては，まず，2個以上の関連するキーワードでの AND 検索から始める。適切な単語が思い当たらない場合でも，まずは，別のキーワードから始めて，多少なりとも関連するページからより適切なキーワードを見つけ出すという手順でもよい。そして，検索結果を大雑把に見ながら追加すべき単語や検索式を検討していく。

例）　robots.txt に関しての情報を集めたい：

・「robots.txt　機能」　　　　　　　→　　4 090 000 件

・「robots.txt　機能　書式」　　　　→　　131 000 件

・「robots.txt　機能　書式　有効範囲」→　　41 700 件

〔2〕　**NOT 検索による無関係なページの排除**　　この段階では，まだ検索結果としては多いが，基本的なところは抑えられる。検索結果の最初のページをざっと眺め，必要に応じて，関係のないページの中身を参照して，それらのページの特徴をつかみ，検索結果に現れないように NOT 検索でキーワードを追加する。

例）「robots.txt　機能　書式　有効範囲　−ウェブマスターツール」

〔3〕　**OR 検索による検索対象の拡大**　　場合によって，検索結果が絞り込みすぎることもある。そのような場合，絞り込みすぎの要因となっている単語を排除するか，その単語について，他の言い回しがあれば OR 検索で追加する。

例）「robots.txt　機能　（書式｜書き方）　−ウェブマスターツール」

〔4〕　**キーワードを変えての試行錯誤**　　必要に応じて，〔1〕〜〔3〕の手順を繰り返し実行していく。ここで絞り込む前に，キーワードが思いつかない，検索結果が悪くなっている，などと行き詰まったら，これまでに見つけたページを順に眺めて内容の把握にとりかかる。このなかで，新たな単語が見つかれば検索キーワードに加える。

〔5〕　**そのほかの検索テクニックを駆使**　　検索結果が単語単位で分割されていたり，連続して出てくるべき単語が離れたり，順番が入れ替わるなどしている場合には，フレーズ検索や単語の連結を利用して検索を繰り返す。

　課題などのレポート作成などで調べている場合には，まわりにも同様のことを調べている人がいるはずなので，その人たちとも情報交換をするとよい。

7.4　検索エンジンのしくみ

7.4.1　検索エンジンとは

　検索エンジンが裏側で何をしているのかを知ることで，どのような検索を行えば，どういった結果が返ってくるのかを理解することができ，効果的な検索式を考えられるようになる。また，これにより検索がうまくいかないときに，なぜうまくいかないのかを考えやすくなる。ここでは，検索エンジンのしくみの概要を紹介する。

　まず，検索エンジンとは検索を行うプログラムのことであり，広い意味では検索サイトのこと，あるいは検索機能を持った Web アプリを指すこともある。逆に狭い意味では，検索を実施するモジュールあるいはアルゴリズムの実装部分のことを指す。

　ドキュメントの検索といった場合，大きく分けて**全文検索**と**部分検索**という二つの方法がある。部分検索とは，対象ドキュメントのすべてを対象とはせずに，あらかじめ設定されたタイトルや概要などのみを対象とした検索方法のことである。小規模なシステムではすべての内容を対象に検索を行うと時間がかかりすぎるために，部分検索で済ませることが多い。図書館の検索システムなどでも部分検索が使われている。これは，書籍などの本文は，電子データがないので全文検索はできないためである。

　これに対して，全文検索とは，ファイル名や概要などのメタ情報のみの検索ではなく，全文を対象に検索することをいう。**メタ情報**とは，検索対象に付随してつけられた情報のことであり，図書館の書籍における「著者名」，「タイトル」，「出版社」などのほかに，「入荷日」や「閲覧履歴」などが相当する。

　Web ページの場合，ページのヘッダに入っている meta タグの情報や画像につけられた title タグや alt タグによる補足文字列などがこれに該当する。

　Web 検索では全文検索が用いられるが，全文に対してそのつど検索を試みると，膨大な時間がかかってしまうため，実際には**インデックス**と呼ばれる索引情報をもとに検索は行われている。

　検索エンジンでは，ドキュメントに含まれているすべての単語を検索インデックスとして登録している。英文の場合，単語はスペースで区切られているため容易に抽出できるが，日本語の場合には形態素解析を行って単語を抽出する。その後，単語とドキュメントを紐付けることで高速な検索を実現している。

7.4.2　検索システムの構造

　検索システムは大きく分けて，**クローラ / インデックスエンジン / 検索エンジン**の三つのパーツから構成される（**図7.3**）。

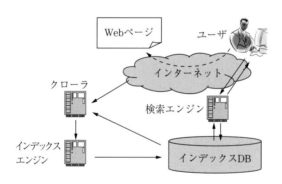

図7.3　検索システムの構造

　クローラが収集したコンテンツをインデックスエンジンが解析し各種情報を**インデックスデータベース**に蓄積していく。検索エンジンはこのインデックスデータベースを利用して検索を行い，ユーザからの要求に応えている。各パーツの機能をもう少し詳しく見てみよう。

　〔1〕**クローラ**　　検索エンジンが検索する際に，高速に検索するために，まずは検索対象となるあらゆるコンテンツを収集する必要がある。**クローラ**と呼ばれるプログラムは，Web 空間をリンク情報を頼りに動き回り（クローリング）ながらドキュメントを収集していく。これらの取得可能なドキュメン

トをキャッシュとして保存し，これをもとにインデックスを作成する。

　実際には，クローラ自体がリンクをたどるわけではなく，クローラが収集したコンテンツを後述するインデックスエンジンが整理し，そのなかで，リンク情報を抽出してクローラに返す。クローラはこの情報をもとに次々と情報収集を行っていく。クローラの作業は，短時間で終わるものではなく，世界中のWeb コンテンツを収集して回っている。これらの作業は早く終わるに越したことはないが，即時性は要求されないため，必要な情報を時間をかけて収集してくる。

〔2〕　**インデックスエンジン**　　インデックスエンジンは大きく分けて2段階に分けられる。クローラが取得してきたWeb ページを構造解析し，メタ情報・リンク情報・本文を抽出する。メタ情報としては，HTML のメタタグ情報のほかにタイトルや URL などを取得しインデックスデータベースに格納する（**図 7.4**）。なお，取得したリンク情報はリンク先ページとこの Web ページとを結びつけ，必要に応じてクローラが利用できるように要取得リストを更新する。

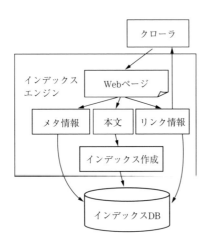

図 7.4　インデックスエンジン
　　　での処理

　つぎに本文からインデックスを生成する。本文に対して形態素解析を行い，単語を抽出してこのドキュメントとの関連付けをインデックスデータベースに格納する。このとき，文字の大きさなどの強調情報や単語の並び順なども併せ

て保存している。

〔3〕 **検索エンジン** 検索エンジンはインデックスデータベースを参照し、ユーザから送られてきた検索式をもとに、検索結果の一覧を生成しユーザに提供する。このとき、できる限りユーザが望む（と検索エンジンが判断したページ）が上位に表示されるようにさまざまな工夫がなされている。

検索エンジンは、検索式をもとに該当するページを抽出する際に、各ページをスコアリングし、スコアの高いものから順に表示する。このスコアリングは、単に検索式からだけで行われるわけではなく、インデックス化する時点で、優良なサイトにはスコアが加算されている。

7.5　SEO と検索エンジン SPAM

情報検索を行ううえで、頭の片隅に入れておかなければならないのが **SEO**（search engine optimization）である。SEO とは**検索エンジン最適化**の略で、Web コンテンツ提供者が、そのコンテンツを必要とするユーザが検索した際にコンテンツにすばやくたどり着くためのさまざまな工夫のことを指す。テレビ番組や CM などで「続きは Web で。『○○』で検索」などの宣伝を行っているが、実際にその検索でページにたどり着けるのは、適切な SEO がなされているからである。昨今では、SEO を企業ページに対して行うことを業務とするコンサルティング・コーディング会社も多数存在する。

SEO を行う際には、検索エンジンがどのようにデータベースを構築しているかを解析し、ノウハウをもとにページ構成やリンク情報などを更新していく。これにより、検索結果に（個人ページよりも）企業ページが上位にくることが多くなっている。

SEO の基本的なものとしては、適切な**メタデータ**の導入が挙げられる。トップページのメタタグには、サイト全体に関連する情報を入れ、各ページのタイトルには、組織名・企業名が入るようにしたり、内容に即したタイトルにしたりする。また、画像があるページの場合には、この画像への適切な情報の付与

もしっかりする必要がある。画像タグには，alt/title 属性をつけ，適切なキーワードを入れる。また，有効なキーワードを本文に正しい文章として入れる，などである。

2010 年前後から Google では，Web コンテンツの表示にかかる時間もランキングに反映するようになった。これは，表示の遅いサイトはユーザがストレスを感じるという理由からである。このため，SEO の一環として，サイト自体を軽くし，全体がすばやく表示されるように工夫されてきている。

SEO が過剰になるとユーザが望まないコンテンツが検索により表示されることになってくる。このようなコンテンツを**検索エンジン SPAM** という。Google などはできる限りユーザが望むコンテンツを提供するという観点から，内容とマッチしないような SEO が行われているサイトは検索結果から排除するしくみが導入されている。これには，関係のないキーワードを多数埋め込んだり，画面では人間には読めないサイズや色で記述しているもの，あるいは，通常のブラウザと検索エンジンのクローラとで提供するコンテンツを分けてあるものなどがある。

検索エンジンを利用するうえでは，このように検索エンジンに合わせたページが存在することを意識しておく必要がある。

演 習 問 題

〔**7.1**〕　友人の結婚式でご祝儀として包むのはいくらぐらいがよいか調べなさい。前提としては，払う側は社会人で，数年目の若手とする。

〔**7.2**〕　SNS に関して扱った日本の論文を探しなさい。
　　　　ヒント 1：日本の論文は大学サイトで見つかるかも。
　　　　ヒント 2：論文は PDF 形式が多い。

〔**7.3**〕　「バンパイア」と「ヴァンパイア」および「吸血鬼」の三つの単語に関して検索する際に適切な検索式を考えなさい。
　　　　1）　三つの単語がすべて含まれるページを探すには？
　　　　2）　「吸血鬼」と「ヴァンパイア」は含まれるが「バンパイア」は含まれないページを探すには？

3）「バンパイア」あるいは「ヴァンパイア」が含まれ，「吸血鬼」は含
　　まれないページを探すには？

注：「バンパイア」で検索した場合，ゆらぎ検索により「ヴァンパイア」も見つか
　　るが，「ヴァンパイア」で検索しても「バンパイア」は出ないものとする（こ
　　の条件は実際の検索とは異なる）。

8章 プログラミング

◆ **本章のテーマ**

　本章ではプログラミングにかかわる基本的な概念とプログラミング言語の種類・用途などを解説している。プログラミングの簡単な手順を知ることで，プログラム開発がどのように行われるのかをおおまかに把握し，ソフトウェアの裏側で何が行われているのかを理解する。また，主要なプログラミング言語についてその特徴を示し，特に Java と Python について掘り下げた解説を行っている。

◆ **本章の構成（キーワード）**

8.1　プログラムの基本的な考え方
　　　　計算，処理，制御構造，データ構造，フローチャート，オブジェクト指向
8.2　プログラミング言語
　　　　文法，表記法，手続き型言語，オブジェクト指向言語
8.3　スクリプト言語
　　　　インタプリタ，シェル，JavaScript，PHP
8.4　Java
　　　　アプレット，バイトコード，仮想マシン，クラスライブラリ
8.5　Python
　　　　シンプル，データサイエンス，AI
8.6　ビジュアルプログラミング言語
　　　　ブロック，フロー，直感的，教育用
8.7　開発環境
　　　　IDE，クロスプラットフォーム，クラウド

◆ **本章を学ぶと以下の内容をマスターできます**

☞　プログラミングの考え方・手順，プログラムを俯瞰するために必要な知識
☞　さまざまなプログラミング言語の特徴
☞　さまざまな環境で動作する Java の特徴としくみについて
☞　人工知能分野などで使われている Python について
☞　ビジュアルプログラミングや開発環境について

8.1 プログラムの基本的な考え方

プログラムはCPUに何をさせたいのかを命令の流れとして表現したものである。ワープロやWebブラウザなどの通常よく使われるソフトを見ると「計算」という言い方がそぐわないように感じるかもしれないが，ここではCPUの処理を計算と呼ぶ。プログラムをプログラム言語によって記述するときは，基本的に上から下に向かって処理が進んでいくように書く。

話をわかりやすくするため，数学的な計算を実行することを考えよう。例えば，2×2の2次元行列どうしをかけ算する場合の計算は，以下のようになる。計算の仕方がわかりやすいように，片方の行列は数字ではなく文字を使った。

$$\begin{bmatrix} 1 & 2 \\ 3 & 4 \end{bmatrix} \times \begin{bmatrix} v & x \\ y & z \end{bmatrix} = \begin{bmatrix} 1*v+2*y & 1*x+2*z \\ 3*v+4*y & 3*x+4*z \end{bmatrix}$$

計算の仕方がわかれば，そこには法則性があることに気づくだろう。プログラムを作成する際には，この法則性を利用すると簡潔で間違いの少ないプログラムをつくることができる。

数学においては同じ問題であっても解き方が複数あることが多い。プログラムでコンピュータに何らかの処理をさせたいときにも，その考え方，処理の方法は複数考えられる場合が多い。問題（解決したいこと，処理したいこと）に対し，どのような考え方や手順で対応するかを**アルゴリズム**と呼ぶ。例えば，順序がそろえられていない500人の学生の試験答案を学籍番号順に並べ替えることを依頼されたら，あなたはどのように実行するだろうか？　たぶん，何通りかの方法が考えられるだろう。その方法の一つひとつがアルゴリズムである。つまり，アルゴリズムは一つの問題に対して一つだけあるのではない。プログラムは，このアルゴリズムを**プログラミング言語**を用いて記述したものである。その際，つぎに説明する**制御構造**や**データ構造**と呼ばれるものを使用する。

8.1.1 制　御　構　造

　行列の横方向を行，縦方向を列と呼ぶことにすると，この場合，答の左上の
項は一つめの行列の上の行と，二つめの行列の左の列の項をそれぞれかけて足
したものである。右下の項なら，一つめの下の行と二つめの右の列である。こ
のように，一つめの行列は行の単位でそれぞれ 2 度使われるし，二つめの行列
は列の単位でそれぞれ 2 度使われる。行列の大きさが 5×5 になれば，それぞ
れ 5 回ずつ使われる。つまり，「繰返し」使われる。これを利用する。繰返し
（**ループ**ともいう）はプログラムの流れ（命令を実行する順序）を制御する方
法の代表的なものである。日本語文を用いてプログラム風に書いてみよう。

> **一つめの行列の二つの行に対して上から順に以下を行う**
> 　　（まず 1 行めに対して）
> 　　その行と二つめの行列の左の列をかける　　┐
> 　　その行と二つめの行列の右の列をかける　　┘※
> **最初に戻ってつぎの行へ**

　最後にある「最初に戻って」がループである。「（まず 1 行目に対して）」は
わかりやすさのために加えてあるだけで実際には必要ない。さらに，※で示し
た中に書いてある 2 行の指示もループで書ける。すなわち

> **二つめの行列の二つの列に対して左から順に以下を行う**
> 　　（まず 1 列めに対して）
> 　　一つめの行列の指定された行とその列をかける
> **最初に戻ってつぎの列へ**

となる。中に書いてある「指定された行」とは最初に示したループのはじめに
書いてある「二つの行に対して上から順に以下を行う」で指定された行であ
る。つまり，この計算の例では，はじめのループの中に二つめのループがある
「2 重ループ」になる。このような構成を**入れ子**と呼ぶこともある。

　ループにはループの終らせ方を決めておく必要がある。さもなくば，永遠に

ループが続く。この例の場合は，はじめのループであれば，行列の2行目が（つまり最後の行が）終るまでループを続けるのだから，一つめの行列の最後の行が処理されたらループを終了するようにする。後から示したほうの（内側の）ループでも同様である。つまり，それぞれ2度ずつ繰り返せばよい。5×5の行列どうしのかけ算ならば5度ずつ繰り返すプログラムとなる。

　ループ終了の判断のように，ある条件が満たされているかどうかを検査し，その結果に応じて処理の流れを変えることを**条件分岐**と呼ぶ。これもプログラムの流れを制御する重要な方法である。先の2×2の行列どうしのかけ算の外側のループでは「最後の行が処理されるまで」あるいは「二つめの行が処理されるまで」というのが条件であり「処理されたらループ終了，まだ処理されていなければはじめに戻る」というのが条件判断の結果に応じた分岐である。繰返しや条件分岐は**制御構造**と呼ばれる概念であり，ほかにもいくつかある。

8.1.2　変　　　　数

　多くのプログラミング言語では**変数**が使われる。例えば，変数 m と変数 n をかけ算して結果を変数 p に入れるのは $p = m * n$ のように書く（一例である）。
　変数の値が，m は 3，n は 5 であれば p の値は 15 となる。m が 8，n が 4 ならば p は 32 である。このように変数は実際の値を入れて意味のある結果を出すための「入れ物」であり，m や n，p はそれにつけた名前（**変数名**）である。変数を使うメリットは，変数を使って式などの処理を書いておけば，実際に変数の値が何になろうと（例えば，実行する際にキーボードから入力されるなど），同じ処理（計算）ができることである。これはループの計算の際にも都合がよいことはすぐに理解できるであろう。

8.1.3　配列とデータ構造

　先の行列かけ算の例のように，同じような扱いをするデータが多数あるという場合は，プログラミングではよく生じる。例えば，「～の1番目の何と2番目の何をどうして…」という処理である。このように，性質が同じデータが入

る入れ物（変数）を多数用意しなければならないとき，それぞれの変数に別の名前をつけていくと，それだけでたいへんである。そこで，このような際には**配列**と呼ばれる形式の変数を用いる。配列名のみを決め，その何番目というのは数字で示す場合が多い。例えば，以下のような表現をする（一例である）。

　　　　row [2]

これは「row」という名前の配列の 2 番めのデータ（**要素**と呼ぶ）を表す。「2」の部分は**添字**と呼ばれる。こうすると，10 番目は row [10] と書けばよく，別の変数名をつける必要がない。なお，最初の要素として row [0] を使うプログラミング言語と使わない言語があるので注意が必要である。ここでは使わないほうで考えた。このような表記はループではたいへん便利である。なぜなら，添字部分を変数にし，その変数の値を順番に増やしたり減らしたりすればよいからである。したがって，大抵のループには配列が出てくる。

　これまで考えた配列は**1 次元配列**である。最初に挙げた行列どうしのかけ算をこの配列で書いてみようとすると書きにくいことがわかる。2 次元の行列では次元をもう一つ上げて**2 次元配列**にすることが多い。例えば，以下のように表記する（一例である）。

　　　　matA [1][2]

「matA」が配列名であり，左の「[1]」が 1 行目を示し，右の「[2]」が 2 列目を示すという具合である。これにより，2 次元行列の個々の項を明確に表現できる。同様にしてデータの性質に合わせて 3 次元やそれ以上の配列を用いることもある。

　このように複数のデータをひとまとめにして扱ったり，データどうしの関連づけをして扱う考え方を**データ構造**といい，配列以外にもさまざまなものがある。扱うことのできるデータ構造はプログラミング言語ごとに異なるが，配列はたいていの言語で利用可能である。

8.1.4　フローチャート

フローチャートとは，プログラムの流れを図で示したものである。おもに実

際にプログラムを作成する前に，その設計を行う段階で書く。正しく，効率のよいプログラムを作成するために必要なステップである。個々の処理や条件分岐などを独特の記号を用いて書き，それらを矢印でつないで流れを示す形になっている。**図8.1**にフローチャートの例を示す。

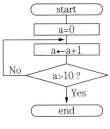

図8.1 フローチャート

8.1.5 オブジェクト指向

　以上で見てきたプログラミングの方法は**手続き型**と呼ばれるもので，アセンブリ言語から高級言語にまで共通している基本的な手法である。これはCPUに対してどのような順序で何を実行させるかを示すのでわかりやすい。しかし，複雑な処理や大規模な処理をするプログラムでは，このようなスタイルで開発を行うのは人間にとって繁雑になってしまう。また，複数の人で開発を行う際にもあまり都合がよくない。

　そこで，**オブジェクト指向**と呼ばれる考え方が提唱され，それに対応したプログラミング言語も開発されて利用されるようになった。オブジェクト指向とは，ごく大雑把にいえば，プログラムで実現しようとしている対象（**オブジェクト**）に注目して，それに対してどのような働きかけをすると何が起きるということを定義していくプログラミングスタイルである。

　例えば，ソフトの実行画面ではボタンをマウスでクリックするとボタンに割り当てられた機能が働く。これはその「ボタン」に対して「クリック」という働きかけをすると何が起きるのかというふうに考えることができ，実際，そのような形でプログラムを書くことができる。手続き型のプログラミングは，キーボードなどからの入力を受け付けながら決められた処理を行い，結果を画面やプリンタに文字で表示するようなプログラムには適していた。しかし，現在のように，グラフィカルな画面でウィンドウやアイコンなどを，マウスや指によるタッチなどで操作するような利用形態では，そこで使われるプログラムをつくるのにはオブジェクト指向のほうが一般的に都合がよい。もちろん，ボ

タンがクリックされたら「どうする」の部分を書いていくのには手続き型の制御構造も使われる。

オブジェクト指向には**クラス**や**インスタンス**，**継承**などの代表的な概念がある。これらを簡単に説明しよう。クラスはプログラムしようとしている対象の「型紙」である。例えば「自動車」を定義するには

- ・機械的な動力を使う
- ・タイヤがある（たいていは，四つ以上）
- ・人が乗れる（最低2〜4人程度）
- ・塗装されている

などの**属性**と

- ・前へ進むことができる
- ・止まることができる
- ・曲がることができる

などの「動作」を定義すればよい（これを**メソッド**という）。これが自動車の型紙すなわちクラスである。この型紙を用いて実際に車をつくると，それが**インスタンス**（実体）となる。実体では，タイヤの数や乗れる人の数，塗装の色などが決まっている。同じ車でも色違いにもできるし，2人乗りの車もあれば5人乗りの車もある。つまり，インスタンスでは属性の値を決める（初めから固定されていて変えられないものもある）。また，実体の車に対して「進め」と指示すれば前に進むし，曲がれと指示すれば曲がるように（実際は人間が運転するのだが），実体に対して，決められたやり方で働きかけをすれば，対応する動作が行われる。

そして，このクラスをベースにして

- ・車体が大きく細長い
- ・たいていは，有料である
- ・決まった場所で乗り降りする

などの属性を追加すれば「バス」のクラスになる。また

- ・車体が大きい

　・荷物をたくさん積める

などを追加すれば「トラック」になる。

　このとき，注意すべき点は「自動車」のクラスの属性はすべて持っているう
えに，さらにこれらの属性を追加することである。これは自動車のクラスを拡
張していることになるが，自動車のクラスの属性はすべて引き継いだうえでの
拡張であるので，これを**継承**という。

　オブジェクト指向のプログラミングでは，このようにして基本となるクラス
をまず定義し，それの継承を重ねて「子孫」のクラスをつくる。そして，適
宜，それらのインスタンスを生成し，それに対する働きかけによって動作が進
むようにプログラムを作成する。このようにプログラムを作成すれば，過去に
定義したクラスをベースにして新しいクラスを定義するなどのこともやりやす
く，プログラミングの生産性が上がることが期待できる。

　オブジェクト指向には，そのほかにもさまざまな特徴があるが，本書では省
略する（参考文献を参照のこと）。

8.2　プログラミング言語

　プログラムを記述するために用いられる，一定のルールにのっとった表記法
をまとめたものを**プログラミング言語**と呼ぶ。言語は通常，人間が話し，聞
き，書き，読むものであるが，ICT の世界ではこれらは「自然言語」と呼ぶ。
人間はプログラミング言語については読み・書きだけを行う。自然言語に日本
語，英語，中国語などさまざまなものがあるのと同様に，プログラミング言語
にもさまざまな種類がある。また，それらは自然言語と同様に「文法」や「表
記法」を持っている。自然言語が「伝えたいこと」をそれぞれの文法や表記法
で表すのと同じように，プログラミング言語も「コンピュータに実行させたい
こと」をそれぞれの文法や表記法で表現する。

　2章で説明したように，コンピュータの中心である CPU はそれぞれ固有の
命令セットを持っており，それらの実体は 0 と 1 のパターンである。しかし，

人間には 0 と 1 のパターンよりも，例えば，足し算であれば add などの自然言語の単語やその省略形を用いたほうがわかりやすい。そこで，命令ごとに，このような表記を割り当てた**アセンブリ言語**が用意されている。アセンブリ言語は 0 と 1 のパターンである**機械語**と 1 対 1 で対応していて，原理的にはこれを用いてどのようなプログラムでも作成することができる。しかし，通常，人間がプログラムを作成するときに使用するプログラミング言語ではそのような対応関係はなく，制御構造などのより高度な概念を簡潔に表現できるようになっている。これらは**高級言語**と呼ばれ，実際にコンピュータで動かすためには，2 章で述べたようにコンパイラやアセンブラなどの変換プログラムが必要である。本節ではこの高級言語について紹介する。

8.2.1 手続き型言語

コンピュータが発明されて，効率よくプログラムをつくる必要性が高まるとさまざまな高級言語が登場した。多くの言語が登場し，消えていったが，現在でもいくつかの言語については使用されている。手続き型言語としては，C, FORTRAN, COBOL, Pascal, BASIC などがある。

〔1〕 **C**   C はオペレーティングシステムなどを記述するための言語として開発され，ハードウェアと密接なプログラムを書く必要性から，かなり柔軟で「低級」な記述もできるようになっている。C は現在でも OS 開発の言語として使われているほか，後に述べる C++ などのさまざまな派生言語の元になっている。

〔2〕 **FORTRAN**   FORTRAN はコンピュータのおもな用途であった科学技術計算のプログラムを記述するために開発された言語である。何回かの改訂を経て現在でも存在しているが，新規のプログラムを作成する際に用いられることはほとんどない。しかし，FORTRAN で記述された良質なプログラム資産が現在でも継承されている。

〔3〕 **COBOL**   科学技術計算用の FORTRAN に対し，COBOL は事務処理用のプログラミング言語として使用された。COBOL も新規のプログラム作

成に用いられることはほとんどないと思われるが，長く使用されている
COBOL プログラムの保守用として存在している。

〔4〕 **Pascal** Pascal はプログラマを養成する教育用の言語として開発
された。そのため，実用性よりも厳格性や美しさなどが重視されたが，実用プ
ログラムの開発にも使用されている。Apple の初期の Macintosh シリーズでは
Pascal が開発に用いられたことが知られている。Pascal ものちにさまざまな派
生言語を生んでいる。

〔5〕 **BASIC** BASIC は初めてプログラムを書く人が入門しやすい言語
として，初期の PC やポケットコンピュータでよく利用されたが，大規模プロ
グラムの開発には向いていない。現在でも BASIC の名前を一部に持つプログ
ラミング言語は存在するが，別のものと考えてよい。

8.2.2 オブジェクト指向言語

オブジェクト指向言語は Smalltalk，C++，Java などをはじめとして，近年
登場した言語がたくさんある。ここでは，この三つを紹介するにとどめる。

〔1〕 **Smalltalk** Smalltalk はオブジェクト指向のプログラミング言語の
草創期に登場した言語の一つである。言語であると同時に開発環境でもあっ
た。オブジェクト指向の元祖の一つとして，その後のさまざまな言語に影響を
与えたが，現在，これを用いた実用プログラムの開発は行われていないと思わ
れる。

〔2〕 **C++** C 言語をもとにオブジェクト指向を実現するための機構と表
記法を取り入れた言語で，基本的な文法は C 言語のものを引き継いでいる。C
言語では困難を伴う大規模なソフトウェアの開発や複数人による開発に向いて
おり，実用言語として広く使用されている。

〔3〕 **Java** Java は 1996 年に Sun Microsystems（現 Oracle）で開発され
た言語である。当時は本格的なインターネット時代に入った頃であり，そのこ
とを強く意識したネットワークを扱いやすい言語となっている。C や C++ の
文法を基本的には踏襲しており，これらの言語に慣れているプログラマにとっ

ては比較的に移行しやすい。また，Java には C/C++ 習得上の関門の一つであ
るポインタがない（このことについてはさまざまな見方があるが，ここではな
いという立場をとる）。

8.2.3　そのほかの言語

C/Java 系のプログラミング言語としては Microsoft の C# や Google で開発
されオープンソースとなっている Go，Apple が開発した Swift などがある。
Java 系としては Processing や Kotlin が注目されている。これらはみな比較的
新しい言語であり，C# や Processing が 2000 年ころ，他は 2010 年前後に登場
している。C# は Windows 用のさまざまなプログラムの開発のほか，ゲーム開
発環境・ゲームエンジンの **Unity** でも使用されている。Go は Web サービスの
開発などで用いられている。Swift や Kotlin はスマートフォンのアプリ開発に
使われている。

　プログラムを，ある同じ入力に対してはつねに同じ出力を行う関数の集合で
記述する，関数型言語と呼ばれるグループがある。ここでいう関数は，ちょう
ど数学における関数と同様の意味である。関数型言語はさらに分類されるが，
ここでは触れない。代表的な関数型プログラミング言語としては，LISP とそ
の派生の Scheme，最近注目されている Haskell や Scala などがある。

　一方，論理の積み重ねでプログラムを記述する論理型プログラミング言語と
して Prolog がある。論理の積み重ねにより推論ができる。Prolog は 1970 年代
に開発された言語で推論ができることから，この時期には人工知能の研究が盛
んに進められた。

　なお，関数型言語や論理型言語は，手続き型言語に対比する意味で宣言型言
語と呼ばれることがある。

8.3　スクリプト言語

　前節で見てきたようなプログラミング言語は，総じて見れば汎用的なソフト

ウェアを作成するためのものである。これに対して，簡単な記述により，小規模な処理を手早く実現するためのプログラミング言語が**スクリプト言語**である。スクリプト言語は，コンピュータが現在のような GUI ベースではなく，キーボードからコマンドを文字で入力して使用する形態が主流だった頃に，コマンドを組み合わせて一連の処理を実行するために開発された。例えば，**UNIX** という OS で利用される sh（**シェル**）と呼ばれるプログラムでは，UNIX のコマンドを呼び出し，組み合わせて処理を行うためのシェルスクリプトと呼ばれる機能を持っている。このほかにも UNIX の世界ではいくつものスクリプト言語が利用されてきた。1980 年代の終わり頃に **Perl** という強力な言語が開発され，シェルスクリプトに変わって広くさまざまな用途に利用された。Perl は現在も利用されている。

　スクリプト言語の多くは，前節のプログラミング言語の多くとは異なり，インタプリタ方式を採用している。書いてすぐに実行することができる，あるいはすぐに書き換えることができるため，簡単な処理をするプログラムによく用いられてきた。比較的最近登場した **Python** や **Ruby**，**JavaScript** などの言語もインタプリタ方式が主であるが，一部はコンパイル方式で利用できるものもある。また，これらの言語はオブジェクト指向を取り入れており，高度な処理も可能なため，現在はさまざまな場面で利用されている。JavaScript は Web ブラウザ上で実行できる言語としてスタートしたが，現在では **Node.js** のようにサーバサイドで使用する実行環境もあり，Web の世界のさまざまな場面で広く使われている。

　PHP はこれらとは少し違っている。手軽さから初心者にもよく使われている言語なので簡単に説明しておく。PHP は正式には PHP: Hypertext Preprocessor という。オブジェクト指向のスクリプト言語で，おもに Web アプリケーション構築の際のサーバ側の処理に用いられる。PHP のスクリプトは HTML に埋め込むことができ，汎用性が高い。構文は Java や C に似ており，比較的に習得しやすい。PHP の実行環境は Web サーバと一体化するように用意される。そして，Web サーバが扱う HTML ファイル中に PHP のプログ

ラムが出現するたびに，それがサーバ上で実行され，結果は HTML 形式で出
力されてそのままブラウザに送られる。

8.4 Java

　本節では具体的なプログラミング言語の一例として，メディア学に興味のあ
る読者が目にしたり，開発に携わることが多いと考えられる Java について説
明する。また，仮想マシンや中間言語，JIT，オープンソースによる言語の発
展など，近年の多くのプログラミング言語に共通する概念についても触れる。

8.4.1 Java VM

Java の登場時には Web ブラウザ上で動作する**アプレット**と呼ばれる小規模
プログラムをつくることができることで注目を集めた。これは Java の特徴の
一つである，実行環境を Web ブラウザへ組み込むことにより実現されている。
通常，高級プログラミング言語で記述されたプログラムは，コンパイルなどの
処理により，プロセッサが実行可能なプログラムに変換され高速に実行され
る。このことは，違った種類のプロセッサではこの変換後のプログラムは動作
しないことを意味している。なぜなら，プロセッサは種類ごとに異なる命令
セットを持っており，つくりも異なるためである。したがって，このような場
合は，プログラマが記述したソースプログラムをそのプロセッサ用のコンパイ
ラなどで変換し直す必要がある。
　これに対し，Java は一度コンパイル処理をしたら，どんな種類のプロセッ
サでも動作させることができることを特徴として打ち出している。このしくみ
は巧妙である。Java のソースプログラムは個々のプロセッサ用の機械語に変
換されるのではなく，**バイトコード**と呼ばれる中間言語に変換される。中間言
語はそのままでは各プロセッサで実行することはできないが，Java では **VM**
（virtual machine，**仮想マシン**）と呼ばれるものを各プロセッサ用に用意する
ことでプロセッサ間の差を見えなくしている。VM はバイトコードを実行する

仮想的なコンピュータであることからこの名前がつけられている。最終的には各プロセッサ用の機械語に変換されなければプログラムは実行できないので，VM はバイトコードをそのプロセッサ用の機械語に変換する作業を受け持っている。これにより，各機種・プロセッサ用の Java VM さえ用意すれば，一度バイトコードに変換された Java プログラムはどんな環境でも動作する。冒頭で説明した Web ブラウザ上で実行されるアプレットは，ブラウザのプラグインとして組み込まれた Java VM 上で動作しているわけである。

　実際，Java VM はさまざまな種類のコンピュータ，OS 用に提供されているだけでなく，携帯電話や家電製品のプロセッサ上でも動作するものが提供され，これらの機器のアプリケーションソフトウェアの開発にも広く用いられている。バイトコードをプロセッサ用の機械語に変換するにはインタプリタ方式とコンパイル方式がある。初期の Java ではインタプリタが利用されていたため実行速度が上がらず，評価が低かったが，実行時にコンパイルを行う **JIT**（just in time）コンパイラが開発されてからは，他の言語に比べても遜色のないスピードで実行できるようになった。

　Java VM と次項のクラスライブラリをまとめたものを **JRE**（java runtime environment）という。また，JRE に Java のコンパイラやいくつかのツールをセットにしたものを **JDK**（java development kit）と呼ぶ。これらには，標準として開発・提供されているもののほかに，各社が作成した製品がある。

8.4.2　クラスライブラリ

　プログラムを作成する際には，どのプログラムでも共通的に実現しなければならない機能が出てくる。例えば，画面に文字を表示するという機能は多くのプログラムが必要としている。各プログラムを作成するプログラマがそれぞれ個別にこれを作成することは可能であるが，むだが多い。これは多くのプログラミング言語に共通していることで，通常は，そのような機能を担うプログラム部品を集めた**標準ライブラリ**が作成され提供される。こうすることで，プログラマは本来目的としている機能の実現に集中することができる。また，標準

ライブラリは広く利用されるので，性能的にもプログラムの正しさとしても問題の少ないものになっている。

　Javaの場合はオブジェクト指向の特徴の一つである，クラスをベースとしてプログラムを作成するため，ライブラリは**クラスライブラリ**という形になる。標準クラスライブラリにはJavaプログラムを作成するのに基本的に必要なクラスが一通り揃えられ，それを解説するドキュメントも無償で公開されており，**API**リファレンスなどと呼ばれている（APIについては9.2節で説明するが，ここでは広義の意味としてライブラリのことを指している）。クラスライブラリはクラスの機能ごとに階層的にまとめられ，それぞれパッケージと呼ばれる単位で管理されており，場合によってはプログラムの冒頭にどのパッケージを使用するかを書いておく必要がある。パッケージはプログラマが独自に作成することもできる。

　Javaでは8.1.5項で説明した，あるクラスをベースとして，そこから派生させたクラスを作成する継承機能が利用できる。継承は見方を変えれば，差分プログラミングである。したがって，標準的なクラスがライブラリ化されていることは，新たなクラスの作成を容易にし，プログラムの再利用をしやすくするという大きなメリットがある。

8.4.3　安全なプログラムの作成支援

　C言語などでは，非常に柔軟で低レベルな処理を記述できる一方，プログラマが注意深く，間違いが起きないように工夫を凝らしておかなければ，誤動作したり，エラーが発生したり，または，それがもとでセキュリティホールが生じるなどのトラブルを抱え込んでしまう。これに対しJavaでは，コンパイル時に**型**の検査を厳格に行って間違いを未然に防ぐことができるようになっている。型とはデータの種類を規定するものであり，例えば，整数型や文字型などが存在する。データを異なる型の変数に代入したり，異なる型の変数どうしでデータの受渡しをしたりするのは正しいプログラムの書き方ではなく，また上記のような問題を発生させるもととなる。Javaではそれを未然に防ぐような

言語仕様となっている。

また，プログラムでは，ある機能に対して，例えば想定していない入力が与えられた場合，予期しない結果が生じることがある。これは危険である。かつてのプログラミング言語では，これらの場合をあらかじめ想定して，プログラマが**例外処理**のためのプログラムも記述する必要があった。しかし，想定の度合いはプログラマに依存しており，安全性の面では問題であった。Java ではクラスライブラリに含まれるクラスの多くが，どのような**例外**を発生させる(throwという) 可能性があるかを明確にしており，それを用いたプログラムでは，あらかじめ，try-catch 構文を用いてそれらに対応した例外処理を記述していなければ，コンパイルが正常にできないようになっている。これにより，あらゆる例外の処理が確実に行われ，プログラムの安全性を増すことができる。

8.4.4 ネットワーク機能

Java は標準クラスライブラリの中に通常の TCP/IP 通信を行うためのクラスを整備しているほか，Web で用いられる HTTP を処理するためのパッケージを持っている。例えば，これらに，さらにいくつかの標準クラスを組み合わせると，単純な Web ブラウザならばすぐに実現することができる。

8.4.5 エディション

Java は用途に応じて **Java SE** (standard edition)，**Jakarta EE** (enterprise edition, 旧 Java EE)，**Java ME** (micro edition) に分かれている。SE は通常の Java アプリケーションや Java アプレットの開発・実行に用いられる。EEは SE に対しサーバサイドでの利用のためのサーブレット（**Servlet**）や **JSP** (java server pages)，**EJB** (enterprise JavaBeans) などのための機能を追加したものである。逆に ME は携帯電話などの小型機器で用いるため，SE よりも制限を加えられたセットとなっており，さまざまな種類の機器に対応するためのしくみが取り入れられている。

Java の 仕 様 は JCP (Java community process) に よ っ て JSRs (Java specification requests）として標準化されている。公式なリファレンス実装（各社が開発するソフトウェアの基とすべき手本となるプログラム）は Java 7 以降は Oracle, Red Hat, Google, IBM などが参加する OpenJDK としてオープンソースで開発され，ソースコードが公開されている。各社はそれぞれの OpenJDK をビルド（実行可能ファイルに変換すること）し公開しており，Oracle も Oracle JDK と Oracle OpenJDK を公開している。

8.5 Python

Python は 1990 年頃に考案されたインタプリタ型のプログラミング言語で，オブジェクト指向，関数型の特徴を併せ持ち，オープンソースで開発されている。開発や知的財産権の管理などは非営利の PSF（Python Software Foundation）が行っている。シンプルであることを哲学としており，プログラムは読みやすくわかりやすい。ソースプログラム中の**インデント（字下げ）**が意味を持つ仕様となっている。2008 年に公開された Python 3 はそれまでの Python 2 までとの互換性がない大規模な改定となっており，現在は Python 3 の系列でプログラムが作成されている。Python 2 は 2020 年に廃止された（アップデートが提供されなくなった）。最近ではプログラミングを初めて学ぶ人向けにも広まっており，**Jupyter Notebook** や **Google Colaboratory** などの Web ブラウザ経由で利用できる手軽な Python 環境が整ってきていることから，教育分野でも利用されている。

HTTP や HTML に関するものをはじめとした各種の標準ライブラリのほか，データサイエンス系の外部ライブラリがそろっている。**NumPy** や SciPy などの数値計算，pandas などのデータ解析，**scikit-learn**（機械学習）や Google が開発した **TensorFlow**，Facebook が開発した PyTorch（深層学習）などのライブラリが充実しており，PyPI（Python Package Index）というリポジトリ（ライブラリを集め公開するサービス）が整備されている。また，**Django** などの Web アプリケーションフレームワークが整備されており，Web サービス

開発の分野でも利用されている。このように Python は汎用的なプログラミング言語の一つとして急速に普及している。

8.6　ビジュアルプログラミング言語

　ここまで述べてきたプログラミング言語は，文字を使って記述していくスタイルであるが，これは厳密な記述が可能である一方，キーボード入力も含めその修得には時間がかかる。子供やプログラミングの初学者，プログラミングが目的を遂行するための手段の一部分でありその習熟に時間を割くことが合理的ではない人たちにとっては，このことは望ましくない。そこで，古くから別のスタイルのプログラミングが模索されてきた。それが**ビジュアルプログラミング**である。ビジュアルプログラミング言語にはいくつかの種類があるが，マウスを用いた GUI で，機能を示すパーツ（オブジェクト）を画面上に並べ，ブロックのように組み合わせたり，線でつないで処理の流れを作ったりするものが多い。ここでは前者をブロック型，後者をフロー型と呼ぶことにし，いくつかを紹介する。

8.6.1　ブロック型

　ブロック型で最も有名なのは MIT で開発された **Scratch** であろう（**図 8.2**）。MIT メディアラボで 2006 年頃に開発された Scratch は非営利の Scratch 財団を中心に開発，運営され，無償で公開されている。オープンソースのプログラミングおよび実行環境で Web ブラウザ上で利用できる。その特徴は機能をブロックの形で表現し，ブロックの組合せでプログラムを作成することである。ブロックの形には意味があり，組み合わない部分にはブロックを配置できないようにすることで，間違いが起きにくいようになっている。パラメータを選んだり数値指定できるブロックもある。条件分岐や繰返しなどの基本的な制御構造を持つほか，音や見た目などの制御をすることで子供にも興味がわき，わかりやすいプログラムを容易に作成できる。

図 8.2 Scratch

　同様のものとしては Microsoft が開発している **MakeCode** がある。目的に
応じたバージョンがあり，安価な教育用コンピュータボードである **micro:bit**
の開発環境として使われているものがよく知られている。Google は Blockly と
いうプログラミング環境を提供している。Blockly にはブロックで作られたプ
ログラムを JavaScript などのプログラミング言語に変換する機能があり，最新
の Scratch 3.0 や MakeCode にも取り入れられている。

8.6.2 フ ロ ー 型

　フロー型は機能間を線でつなぎ処理の流れを表現する。例えば，ソニーの
IoT ブロック製品である **MESH** は iPad 等のアプリでプログラミングを行う
が，ブロックや iPad の各種機能，分岐などの制御機能をパーツとし，それら
の間を線でつないでプログラミングを行う（**図 8.3**）。

　近年注目されているものとしては **Node-RED** がある。もともとは IBM が開
発していた IoT 開発用のツールであったが，2013 年にオープンソース化され，
現在は OpenJS Foundation によって管理されている。Node-RED はサーバサ
イドの JavaScript 実行環境である Node.js を用いて Web ブラウザ上で実行で
きるようになっており，クラウドやローカル PC 上のほか **Raspberry Pi** など
の IoT デバイスでも動かすことができる。

　個別用途に特化したプログラミングやシミュレーションの環境としてはフ

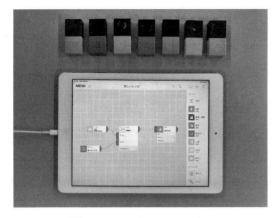

図 8.3　MESH と MESH アプリ

ロー型のビジュアルプログラミングは以前より行われてきた。例えば，音楽・マルチメディア向けの **Max**（Max / MSP），コンテンツ開発の TouchDesigner，高度なプロシージャルモデリングが可能な 3 DCG ソフトウェアの **Houdini**，工学系シミュレーションの **MATLAB Simulink** などがある。

8.7　開　発　環　境

　2 章でも述べたように，ソフトウェアを開発するには，ソースプログラムを記述したあと，それが意図通りに動作するか確認するというサイクルを繰り返すことになる。コンパイラ方式の言語ではその際に変換作業が毎回入る。この過程は**ビルド**と呼ばれることが多い。また，プログラムの間違いを探し修正する**デバッグ**という作業を行うためのデバッガと呼ばれるプログラムが使われることもある。これらの作業は，プログラムの編集，変換，デバッグなどの個別のソフトウェアを用いても行うことができるが，現在ではそれを一つにまとめて GUI により使い勝手を良くした統合開発環境（**IDE**）が用いられることが多い。IDE では単純な間違いを減らし生産性を上げるため，ソースプログラムの編集時にキーワードやメソッド名などの補完，パラメータや文法のチェック

を行う機能が備わっていることが多い。また，チームによるソフトウェア開発等に対応するため **GitHub** などのバージョン管理・共同作業機能との連携ができるものもある。

ソフトウェア開発では Windows 上で Android 用のソフトウェアを開発するなど，開発の環境と作成されたソフトウェアが使用される環境が異なることがある。これは**クロス開発**と呼ばれ，そのため，IDE の中にターゲットとなるプラットフォームのエミュレータを持っていたり，連携できるようになっているものもある。典型的な例はスマートフォン用のアプリ開発である。

古くからある IDE としては IBM が 1990 年代の終わりに開発を始め，のちにオープンソース化された **Eclipse** がある。初めは Java 用に作られていたが，現在では多くのプログラミング言語に対応し，プラグインによる機能拡張が可能になっている。このほかにもオープンソースで無償の IDE はいくつもあるが，よく用いられている IDE はつぎに挙げるようなメーカー製のものが多く，有償版と無償版に分かれているものもある。

Visual Studio は Microsoft が開発している IDE で自社製の C# や Visual Basic などのほか，Python などにも対応している。Window 用の各種ソフトウェアのほか，Xamarin により一部のプラットフォームに対するクロス開発も可能である。有償製品であるが，個人開発者などに向けた無償の Community 版がある。**Xcode** は Apple 製の IDE で，自社製言語の Objective-C と Swift などに対応している。Apple の製品，すなわち，Mac，iPhone，iPad，AppleWatch などのアプリを開発するのに用いられ，作成するソフトの画面設計機能も持っている。2021 年現在では Mac で動作するバージョンのみが提供されており無償でダウンロードできる。**Android Studio** は Android アプリを開発するための IDE で，Android を開発している Google から無償で公開されている。Windows，Mac，Linux で動作するバージョンが提供されており，対応言語は Java と Kotlin である。エミュレータの AVD（android virtual device）が用意されており，エミュレータ上である程度の動作確認ができる。Android は複数のバージョンがあり，対応するハードウェアの種類も多いことから，

SDK（software development kit）が整備され，それに基づいて AVD が構成されるようになっている。

その他の IDE としては JetBrains 製の IntelliJ IDEA は Java や Kotlin を中心として多言語対応しており，オープンソースの無償版もある。Android Studio はこれをベースにしている。**Unity** は 2D/3D，AR/VR のゲームやアプリ制作に用いられる開発環境でありゲームエンジンでもある。幅広いプラットフォーム向けにクロス開発が可能である。開発者向けの無償版がある。アセットストアというプログラムや素材を部品として入手できるしくみを整えている。C# でプログラミングを行うため Visual Studio と連係動作するように設定して利用することが多い。近年ではクラウド上で開発を行う IDE が登場している。例えば，Amazon の AWS Cloud 9 や GitHub Codespaces（Visual Studio Codespaces を統合）は Web ブラウザ上で利用する IDE である。手元の PC 等に自分で IDE を用意しなくともよいというメリットがあり，教育分野で使われているものもある。JavaScript や Python などのスクリプト言語用の IDE も存在するが，前述の Jupyter Notebook や Google Colaboratory も見方によっては IDE といえるし，**Atom** や **Visual Studio Code** などのプログラム開発用の高機能なエディタソフトに拡張機能を追加して実行するものもある。

演 習 問 題

〔8.1〕　プログラムを作成する際に利用するデータ構造について，本文中では配列のみを取り上げたが，ほかにはどのようなものがあり，どのような際に利用されているのか調べなさい。

〔8.2〕　プログラムには誤動作のないことが求められる。間違いのない安全なプログラムをつくるためにはどのような技術があるのか，また，できあがったプログラムをテストし，動作に問題がないことを詳細に調べるにはどのような技術があるのか，それぞれ調べなさい。

9章 サーバ技術

◆本章のテーマ

　本章では各種サービスを提供するサーバ技術について解説する。前半では，Webアプリケーションや Web サービス，XML といった，サーバ構築のためのソフトウェア技術を扱い，その後，それらとセットで利用されることの多いデータベースの解説を行う。また，後半では，これまで述べてきた DNS や Web アプリケーション，Web サービスを支えるサーバの運用や仮想化技術についても触れる。

◆本章の構成（キーワード）

9.1　Web アプリケーション
　　　CGI，クッキー，セッション，インタフェース，データベース，ビジネスロジック，Web コンテナ，Ajax
9.2　Web サービス
　　　マッシュアップ，API，UDDI，WSDL，SOAP
9.3　クラウド
　　　クラウドコンピューティング，オンラインストレージ，ドキュメント作成，スケジュール
9.4　XML
　　　マークアップ言語，HTML，SGML，タグ，DTD，CSS，XSL，XSLT
9.5　データベース
　　　リレーショナルデータベース，テーブル，項目，SQL
9.6　サーバ構築と運用
　　　サーバソフトウェア，セキュリティ対策，サーバレンタル，パブリッククラウド
9.7　サービス提供側から見たクラウド
　　　SaaS，PaaS，IaaS
9.8　仮想化技術
　　　ホストOS，仮想マシン，ハイパーバイザ，完全仮想化，準仮想化，マイグレーション，コンテナ，Docker

◆本章を学ぶと以下の内容をマスターできます

☞　Web アプリケーションの構造，Web サービスのしくみと技術
☞　さまざまな情報を管理するためのデータベース
☞　サーバを動かすために必要な技術
☞　クラウドの技術
☞　効率的にハードウェアを扱うための仮想化技術

9.1 Web アプリケーション

インターネットの普及において，Web と Web ブラウザの果たした役割は大きい。初期の Web ではブラウザを用いて情報を閲覧することが中心であったが，ブラウザ側，すなわち，クライアント側の利用者の選択や入力をサーバに伝えるための仕掛けは比較的早期の HTTP からあった。HTTP の POST コマンドなどを利用してクライアント側の情報をサーバに送り，サーバ側でそれを処理して，結果に応じた HTML を生成してクライアントに送り返すと，ユーザ（クライアント）とサーバの間で対話型の処理ができる。

Web サーバは HTTP に基づいた処理のみを行うので，ユーザからの情報に応じたさまざまな処理を行うことはできない。そこで，これを Web サーバとは独立のほかのプログラムを実行することによって実現する。**CGI**（common gateway interface）はそれを行うための機構である。Web が広く認知され，ホームページを開設する人が増えた 1990 年代後半には，単に文字と写真でページを構成するだけでなく，CGI を利用してホームページを訪れた人を数えるアクセスカウンタや，フォーム入力によりコメントを残してもらうなどの機能を追加することが盛んに行われた。CGI のしくみを**図 9.1** に示す。

これらは Web ブラウザ中で，従来は手元の PC にインストールして使用していたアプリケーション相当のことを実現できることから，Web アプリケー

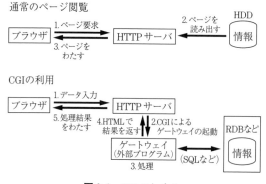

図 9.1 CGI のしくみ

ションと呼ばれる。HTTP は一つのリクエストに対して一つのレスポンスで終了する「ステートレス（状態がない）」プロトコルであるため，現在よく見られるようなオンラインショッピングのサイトなどを構築するためには，例えば，**クッキー（cookie）** を用いて一連のリクエストとレスポンスを**セッション**として扱えるようにする必要がある。このような技術を用いると，Web アプリケーションでもさまざまな処理を行うことができる。

CGI は簡単なしくみで便利だが，外部プログラムを利用するため，同時アクセス数が増えると Web サーバが稼働するコンピュータの負荷が高まり，レスポンスが遅くなってしまう。また，外部プログラムを適正につくらなければセキュリティホールとなってしまう可能性があるため，近年ではあまり用いられない。

CGI の欠点を補うため，外部プログラムを呼び出すのではなく，Web サーバプログラムに対して外部プログラムの機能を追加できるようにする**モジュール**が開発され使われるようになった。しかし，この方法は小規模な処理ならばよいが，複雑で規模の大きな処理を行おうとするとサーバ内での処理の見通しが悪くなり，改良や保守がしにくくなる。また，処理性能を上げるためにサーバを稼働させるコンピュータを増やしても効率が悪い。これらのシステムではデータベースを利用することが多いが，Web サーバが対応するユーザへのインタフェース部分（**プレゼンテーション層**とも呼ぶ）とデータベースサーバの**2 階層システム**と見ることができる。そして，本来，インタフェースであるはずの Web サーバが肥大化していてバランスが悪い。

そこで再び，Web サーバから処理部分を分離して**3 階層システム**とする技術が開発された。分離された処理部分はビジネスロジック（部，層）などと呼ばれる。大規模な 3 階層システムでは，プレゼンテーション層や，プレゼンテーション層とビジネスロジック層との連結などに Java のサーバ側技術である Servlet や JSP が用いられる。また，ビジネスロジックの構築には EJB（enterprise Java Beans）が利用される。この構成ではロジック層を独立したコンピュータに割り当てることができ，必要に応じてその台数を増やすことで性能を向上できる。これを **Web アプリケーション**と呼ぶ。Java をベースとした

Web アプリケーションシステムでは，Servlet や JSP を動作させるための **Web コンテナ**と呼ばれるベースシステムが必要で，オープンソースのコンテナとしては Apache プロジェクトの Tomcat がよく知られている。Web アプリケーションは Ruby や Python，PHP でも実現できる。Java における Web コンテナの部分は，他の言語でも共通的な用語としては **Web アプリケーションサーバ**と呼ばれる。つまり，このアプリケーションサーバ上で，目的のアプリケーション（ロジック）が稼働するということである。説明の文脈などによっては，実行されるロジックのプログラム部分までを含めてこの階層自体をアプリケーションサーバと呼ぶこともある。**図 9.2** に 3 階層システムを示す。

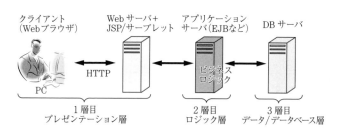

図 9.2　3 階層システム

Web アプリケーションのメリットとしては以下のものが挙げられる。

　・単体アプリケーションとは異なり，インストールやアップグレードが不要

　・Web ブラウザがあれば利用可能

　・プラットフォームに依存しない

一方，デメリットは以下のとおりである。

　・ネットワーク環境がない，あるいは機能しない場合は利用できない

　・単体アプリケーションに比べ，カスタマイズ機能や入力支援などが貧弱

このうち，インタフェース的なデメリットについては **Ajax**（asynchronous JavaScript + XML）などを用いることにより，ある程度改善できる。Ajax は，その名前のとおり，Web ブラウザに組み込まれている JavaScript 処理機能の非同期通信機能を用いて，Web ページのリロード（再読込み）を行わずに，

XML データのやり取りをすることにより，処理を進める技術である。

　以上のような技術を用いて，現在ではオンラインショッピングのサイトだけでなく，検索や地図，ブログや SNS など，さまざまなサイトが Web アプリケーションとして実現されている。

　Ruby では **Ruby on Rails** というフレームワークを用いて Web アプリケーションを構築する手法がよく用いられる。アプリケーションサーバは Puma や Rack と呼ばれるソフトウェアなどで構成される。PHP ではプレゼンテーション層の Web サーバにアプリケーションサーバ相当の機能のモジュールを追加して Web アプリケーションを構築できる。Python でも同様の手法が使える。PHP で記述された Web アプリケーションフレームワークの例としては Symfony，Python で記述されたものとしては **Django** などが知られている。

9.2　Web サ ー ビ ス

　Web アプリケーションは人間が Web ブラウザを用いてアクセスすることで利用できる形態であった。これは，場合によっては一つで複雑な処理をこなすシステムを提供できるが，作り込みが必要である。これに対し，単純な機能を提供する Web アプリケーションを相互に組み合わせて利用できるようにしたのが **Web サービス** である。

　例えば，地図は Web アプリケーションとして使用すれば，地図帳を眺めているのと同じで，特定の位置情報を持っていなければ，その場所への行き方を調べるなど，有機的な使い方をしにくい。一方，レストランの検索をする Web アプリケーションは条件に合ったレストランを探してその情報を提示してくれるが，個々のレストランの位置を示す地図を個別に用意して表示することはできても，候補となるレストランどうしの位置関係を調べたり，最寄り駅からの行き方や距離などを比較したりすることはできない。

　ここで，二つの Web アプリケーションをレストランの位置の座標データで結びつければ，同一地図上に複数のレストランをその時々の検索結果に応じて

表示したり，そこへの行き方の比較を行ったりすることが可能になる。すなわち，レストラン検索では，その位置の座標情報が返されるようにし，地図のほうでは，座標情報が指定されるとその位置を地図上に表示するようにすればよい。

　このようなことをするためには，従来，Web ブラウザでの表示に適した形で結果を返していた Web アプリケーションをつぎのように改変する必要がある。一つは，Web ブラウザ以外のプログラムが結果を利用することができるような形で値を返すことである。もう一つは，Web アプリケーションに対して入力値をわたすことができるようにすることである。そして，これらの利用方法を明確に提示することが必要である。このような形の Web アプリケーションを **Web サービス**という（www 上のサービスを総称して「Web サービス」と呼ぶことがあるが，それとは意味が異なる）。Web サービスはプログラムが利用する Web アプリケーションである。先の例では地図とレストラン検索をそれぞれ Web サービスとして実現してサービス間で座標データを受けわたすようにすればよいことになる。このようにして複数の Web サービスを結合することを**マッシュアップ**と呼ぶ。また，個々の Web サービスの使い方を定めたものを **API**（application programming interface）という。**図** 9.3 にマッシュアップの例を示す。

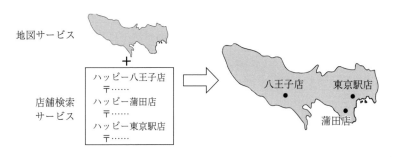

図 9.3　マッシュアップの例

　マッシュアップでは Web サービスを部品のように使い，人間であるユーザに対して新たな Web アプリケーションを容易に提供できる。この場合は，最終的な結果は Web ブラウザで表示するものに適した形である必要がある。

Web サービスは，より一般化して考えることができる。例えば，地図のサービスはインターネット上に一つしかないわけではない。それぞれに特徴がある複数のサービスがあり，ニーズによって最適なサービスは異なる。しかし，それらはすべて地図のサービスであるから，地図のサービスとしてリストにまとまっており，そのなかから，概要説明を見ながら目的のものを選ぶという形にしておけば選びやすい。

Web サービスにおいてこのリストを提供するのは**レジストリ**である **UDDI**（universal description, discovery and integration）である。ここでも地図を例にすると，**プロバイダ**である各地図サービスは UDDI に対して自分のサービスの特徴や使い方などを登録する。地図サービスを利用したい Web サイト（**リクエスタ**）は UDDI を検索して目的のサービスを見つけ，そこに記載されているコンタクト先に連絡してサービスの利用を開始する。このとき，サービスの特徴や使い方を記述するために特別な言語 **WSDL**（web services description language）が使用される。また，これらの情報の登録や検索のためには **SOAP**（もとは，simple object access protocol の略称であったが，現在は SOAP 自身が名称であるとされている）が用いられる。SOAP は XML データのやり取りのためのプロトコルであり，実際の通信ではカプセル化されて，おもに HTTP を用いて（HTTP のデータとして）送受信される。以上の関係を**図 9.4** に示す。

UDDI，WSDL，SOAP などの技術により，Web サービスを提供・利用する基

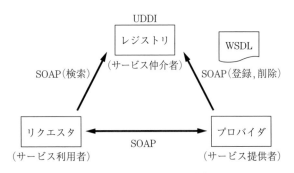

図 9.4 Web サービスの構成

盤は整えられたが，公的な UDDI がほとんど存在せず，また，それに実際に
サービスが登録されることも少ないため，このしくみは実質的には機能してい
ない。現在はそれぞれのカテゴリに有力な Web アプリケーションがあり，そ
の機能は Web サービスとして利用できることが多い。リクエスタに相当する
Web サイトの開発者は目的に合った Web アプリケーションのサイトを直接参
照して API の利用法を確認し，JavaScript などを用いて Web サービスとして
プログラムから利用している。API を利用するためには HTTP と XML を用い
て他のサービスにアクセスし，データを入手する **REST**（representational
state transfer）という手法が用いられることが多い。例えば，他のサービスか
らデータを得るためには HTTP の GET メソッドを用いてリクエストを送り，
そのレスポンスとして目的のデータを XML 形式で得る。XML は汎用性が高く
データの形式を規定してまとめて扱うのに適しているが，その中から目的の
データを取り出すためにはその構造を解析（**パース**）し，必要部分を抽出する
必要がある。プログラムでこれを毎回行う負担は大きい。そこで，XML の代
わりに解析が簡単な形式が用いられるようになった。例えば，JavaScript で扱
うのが簡単な形式は **JSON**（JavaScript object notation）と呼ばれている。
JSON は現在ではほかのプログラミング言語でも標準的に用いられている。

9.3　ク ラ ウ ド

　1970 年代から 1980 年代のインターネットは国内でもいくつかの大学や研究
機関がつながっただけの状態であり，国際的にもそれぞれの国のいくつかの組
織から他国の組織へのリンクがあっただけの素朴なものであった。このような
時代からしばらくの間は，世界のインターネット接続状況を人間が把握して図
示することができた。1990 年代に入り，インターネットが世に知られて接続
する組織やネットワークが増えてくると，とても人間が把握できるような状況
ではなくなってきた。そこで，技術者たちはネットワークに関連するディス
カッションを行う際に，インターネットを表すために，詳細を省いた「雲」の

絵を書いて済ませるようになった。これを，2006 年に Google の CEO（当時）
のエリック・シュミット（Eric Schmidt）が講演で用いたことから**クラウド**
（**クラウドコンピューティング**）という言葉が広く知られるようになったとい
う。**図 9.5** にクラウドの概念を示す。

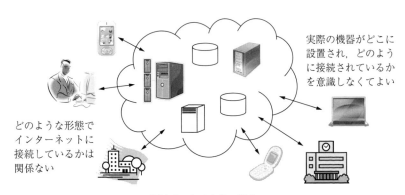

図 9.5 クラウドの概念

　クラウドコンピューティングにはさまざまな定義があるが，ユーザから見た
場合，サービスを提供してくれる主体が，雲の中にあるようにはっきりとは見
えないものの，逆にそのことを気にせずに利用することができる形で提供され
るサービスということができる。ユーザが知る必要があるのは，サービスを受
けるための自分の**アカウント**（ユーザ名とパスワード）と場合によってはサイ
トの名称だけである。Web アプリケーションはクラウドサービスの一種と見
ることができる。

　クラウドで提供されるサービスの代表例を以下に挙げる。

・オンラインストレージ（ファイル共有）

・電子メール

・写真や映像データの管理

・ドキュメント作成

・スケジュールや連絡先の保管と利用

・音楽や動画，電子書籍の配信・視聴・閲覧

〔1〕　**オンラインストレージ**　　オンラインストレージはインターネット上に自分のデータを保存する領域を確保できるサービスである。このこと自体は，インターネットにつながったコンピュータにアカウントを持っていれば実現でき，古くから可能であった。現在のサービスの新しい点は自分がアカウントを持っているのが「どのコンピュータ」か知る必要がなく，Windows やmacOS など，それぞれの環境に応じた専用アプリケーションを利用すれば，ファイルのダウンロードなどの作業を明示的に行わなくとも，手元の PC 内のハードディスクにアクセスするのと同様の操作性で利用できる点である。そして，スマートフォンなどのデバイスも含め，インターネットにアクセスできるさまざまな機器からデータにアクセスできる。

　データへの変更や新しいファイルの保存は他のデバイスからアクセスした際に同期され，どこからでもつねに最新の状態のデータにアクセスできる。また，他のユーザとの間でデータを共有することも容易である。

〔2〕　**電子メール**　　**電子メール**は，従来，手元の PC に電子メール用のソフトウェアをインストールして利用する形態が主流であったが，Web アプリケーション技術の発展により，Web ブラウザ内でメールの読み書き，送受信が行えるようになると，Web ブラウザがあればメールにアクセスできることから，この形態での利用が増えた。これは **Web メール**と呼ばれることがある。特に無料で提供される電子メールサービスはこの形態をとるものが多い。この場合，自分が受信したメールもサービスを提供する事業者の管理するサーバ上に保管されるため，手元の PC には残らない。従来，POP を利用したメールの受信では特に設定しない限り，受信時に使用した PC に受信メールが保存されるため，他の PC から受信済みのメールを見ることはできなかった。そのためには IMAP を利用することが多かったが，Web メールでは内部で利用しているのが POP であっても，受信メールが手元の PC にはダウンロードされずサーバ上に保管されるため，後からどの端末からでも見たり管理することができる。Web メールはクラウドという言葉やサービスが広がる前から存在していた。

〔3〕　**写真や映像データの管理**　　写真や映像データの管理はオンラインス

トレージの特別な形態と見ることができる。写真や映像データは PC を経由するか，デジタルカメラなどから直接，アップロードできる。スマートフォンのほとんどはデジタルカメラ機能を備えているので，このサービスは撮影したデータをすぐにオンラインに保管することができ便利である。写真などを閲覧する際には撮影日時順などのほか，さまざまな順序で見ることができ，アルバム作成や写真の加工を行えるサービスもある。もちろん，家族や友人に公開することもできる。

　動画配信サービスの中には見方によってはクラウドと見ることができるものもある。自分が制作した動画や楽曲，音声などをオンデマンドコンテンツとして置いておき，共有範囲を設定することで特定の（あるいは不特定の）人に公開することができる。2021 年現在では大学等のオンライン授業で YouTube などが活用される例が多数見られるが，これらはクラウド的な利用形態と見ることができる。

〔4〕　**ドキュメント作成**　　ドキュメント作成のサービスは，従来，PC にインストールして利用していたワードプロセッサなどのオフィスツールソフトウェアを Web アプリケーション化したものである。作成したデータも，同じ事業者が展開するオンラインストレージサービスに保管される。近年では，PC 用のオフィスツールソフトウェアとの互換性も高まり，さまざまな用途に利用可能なレベルになっている。また，データがオンラインにあるため，本質的に共同作業に向いているほか，作業中の状態を保存できる機能が提供されている場合は，その状態から作業を再開できる。例えば，会社の PC で途中まで文書を作成して中断したのち，外出中にスマートフォンでその作業を再開したり，自宅の PC で再開するということができる。

〔5〕　**スケジュール管理**　　スケジュールなどの保管としては，PC 上のソフトウェアやかつての PDA（personal digital assistants，携帯情報端末）に搭載されていたスケジュール管理機能が Web ベースでも利用可能になっている。これらのスケジュールデータはサーバ上に保管され，インターネット接続でき Web を閲覧できる環境やデバイスがあればいつでもどこからでも確認できる。

また，手元の PC やデバイス上のスケジュール管理ソフトウェアと同期して，オフライン状態でも利用可能なものもある。スケジュールのほかに **ToDo リスト**や**アドレス帳**（**連絡先リスト**），Web のブックマークなどもインターネット上に保管・同期できるサービスもある。

〔6〕 **音楽や動画**，**電子書籍**　　音楽や動画，電子書籍については，かつては，ダウンロードして利用するのが主流であった。しかし，新たなサービスとして，購入した曲や書籍などのデータはクラウド上のストレージに置き，曲を聞いたり，書籍を読む際にはネットワーク越しにこのデータにアクセスするという利用形態が出現してきている。多くの場合，ダウンロードして手元でオフラインで利用することも可能だが，クラウドのサービスを用いると，例えば，書籍をどこまで読んだかが記憶されており，他のデバイスでアクセスすると続きから読むことができる。

　これらは現在では，各デバイス用の専用のソフトウェア（アプリ）を使用して視聴したり本を読んだりできるようになっている。専用のソフトウェアであるため，サーバの指定などは（組み込まれているため）不要で便利である。また，購入したデータを手持ちのデバイス間でコピーする必要がない。従来は著作権管理の関係でコピーなどは難しい場合もあったが，サービスの提供事業者により作成・配布されている各デバイス用の専用ソフトウェアを用いれば，プレイヤー間の相違から再生できないという事態も発生せず，利用者が正規に購入したデータに対してその利用者がアカウントの認証を経て正当にいつでもアクセスできる。

　2010 年代後半頃から，月単位等での一定額の支払いでサービス（好きなだけ曲を聴くことなど）を受けられる**サブスクリプション**というサービス形態が登場した。これにより，コンテンツをデータとして購入してクラウドに置くという発想から，コンテンツを利用する権利を定額で購入するという発想への転換が進んだ。それでもデータを購入して利用したい人や，自分が過去に購入したコンテンツデータをネット上において利用したい人たちの間ではクラウド型のサービスも利用されている。

9.4　XML

XML（extensible markup language）は情報を構造化して記述・利用するための**マークアップ言語**である。日本語の技術用語では「拡張可能なマーク付け言語」と呼ばれる。マークアップ言語とは**タグ**と呼ばれる特定の文字列を用いて情報に意味や属性，構造を与える記述が可能な言語である。例えば，HTMLもその一種である。文書処理系で利用される**TeX**もマークアップ言語である。XMLではこのタグそのものを自由に定義して，新たなマークアップ言語を定義できる。このようにすることでコンピュータ間でデータの受渡しや処理をしやすくすることができる。

XML は 以 前 か ら 存 在 し て い る **SGML**（standard generalized markup language）を改良したものと見ることができる。SGML は厳格に定義された名前どおりの汎用マークアップ言語であるが，それで記述された情報はコンピュータソフトウェアで処理するのがたいへんで，人間にとっても読みにくいという欠点があった。一方，1990 年代に Web が誕生すると，Web ページを記述する言語として HTML が発明され，データや文書を構造化して記述することが広く行われるようになった。さまざまな Web 技術が開発されていくなかで，データの受渡しや処理にマークアップ言語が適していることが注目され，XML の検討作業が始まった。そして，SGML の使いにくさを回避し，互換性を保ちながら簡潔化することに成功した。

〔1〕　**XML のタグ**　　XML では，タグを用いて新たなデータ構造などの定義が容易に行える。しかし，XML を利用する目的はコンピュータによる機械的な処理を効率よく行えるようにすることであるため，新しくつくられた定義は一定のルールや規則性に基づく構造になっていることが求められる。そこで，その定義が構文の規則に従っているかどうか，そして，その構造が目的に合った論理的なルールに合致しているかどうかが重要である。これらは特定のプログラムによりチェックすることが可能である。

XML の文書はタグと内容で構成されている。タグは**要素**と**属性**からなる。

要素と属性には名前をつけることができ，属性には値を定義できる。そして，タグは内容を囲む開始タグと終了タグのペアで使用する。一般化すれば以下のようになる。

　　　< 要素名　属性名 =" 値 "> 内容 </ 要素名 >

　内容は複数行で表記されていてもよい。また，内容の中に別の要素のタグがいくつ内包されていてもよい。このとき，開始タグと終了タグが内包（入れ子）関係で現れなければならない。つまり，要素 A の開始タグがあり，つぎに要素 B の開始タグがあるとき，B の終了タグが現れる前に A の終了タグが現れてはいけない。

　〔2〕　**DTD**　　XML 文書内に現れるタグがあらかじめ定められたものであるかどうかを検証するためには，その定義やルールが明確でなければならない。通常これは，**DTD**（document type definition）などの専用言語（**スキーマ言語**と呼ぶ）で示し，必要に応じて文書の冒頭で明示する。

　〔3〕　**スタイルシート**　　XML 文書は HTML のように表示を想定したものではない。したがって，ブラウザで表示を試みても，単にテキストファイルとしてタグごと表示されることになる。これはどの要素をどのように表示するかという定義が含まれていないためである。そこで，何らかの都合で XML 文書の内容を，整形した状態で表示するためには**スタイルシート**を用いる。これには，HTML でも用いられる **CSS**（cascading style sheet）や **XSL**（extensible stylesheet language）がある。XSL を用いて XML 文書を HTML（XHTML）文書に変換すれば通常の Web ブラウザで整形された表示として見ることができる。XSL による処理はサーバ側で実行することも，クライアント（Web ブラウザ）側で実行することもできる。クライアント側で処理する場合は XML 文書内で **XSLT**（XSL transformations）スタイルシートを指定する。

　XML 文書の詳細な記法やそのほかの事項については他の良書に譲ることにして本書では割愛する。

9.5　データベース

　現在のインターネット上のさまざまなサービスでは，その背後でデータベースが稼働していることが多い。Web アプリケーションの典型例の一つであるショッピングサイトなどではデータベースなしに効率的なサービスを行うことはできない。

　データベースにはさまざまな種類があるが，現在，多く利用されているのは**リレーショナルデータベース（RDB）**である。リレーショナルデータベースでは表（テーブル）を複数用いてデータを管理する。複数の表どうしを結びつける情報（項目）は**キー**と呼ばれる。例えば，従業員の ID と氏名の表，ID と所属の表，所属と勤務地の表を用いると，ある氏名の従業員がどこの勤務地にいるか調べることができる。つまり，ID と氏名の表から，ID を特定し，それを用いて（つまり，ID をキーとして），ID と所属の表から所属を調べ，その結果を用いて（所属をキーとして）所属と勤務地の表を検索すればよい。すべての情報を一つの表にすることもできるが，データの管理がしにくくなる恐れがある。また，表を用意する場合は，同じ項目が複数の表に重複して出現しないように注意する必要がある。データの更新が複雑になり，不整合が生じる可能性が高まるからである。このようにする作業を RDB における**正規化**といい，**図 9**.6 に正規化後の様子を示す。

学籍番号	氏　名	研究室
ab001	工科太郎	CG 研
ab002	八王子花子	デザイン研
ab003	蒲田次郎	ゲーム研
ab004	片倉小十郎	CG 研
ab005	大森史郎	ソーシャル研

研究室	建　物
アニメ研	H1 号館
CG 研	K2 号館
ゲーム研	H4 号館
Web 研	H1 号館
ソーシャル研	H5 号館
デザイン研	K3 号館

建　物	キャンパス
H1 号館	八王子
H4 号館	八王子
H5 号館	八王子
K1 号館	蒲田
K2 号館	蒲田
K3 号館	蒲田

　・八王子花子さんがいるのは八王子？蒲田？
　・八王子キャンパスにいるのは何人？

図 9.6　リレーショナルデータベース

　RDB の問合せ（**クエリ**）には **SQL** という専用言語を用いる。SQL ではデータ間の和や差，結合などの関係演算を指定することができる。ショッピングサイトなどの，処理の結果や内容が静的ではない処理では，動的に SQL 文が発行され，検索結果を用いて結果表示画面が生成される。Web アプリケーションなどでは Java や PHP などのプログラミング言語が用いられるが，これらから SQL を扱うためには JDBC などのように言語ごとに整備されている各種ライブラリを用いることが多い。よく用いられている RDB としては Oracle のデータベース，Microsoft SQL Server，オープンソースの **MySQL** などがある。

　なお，検索サービスでは，検索対象が膨大であるため，それに適した独自のデータベースを構築している場合がある。

9.6 サーバ構築と運用

　サーバ構築とは，最も広義にいえば，サーバの稼働に適した構成のコンピュータを調達し，ネットワークへの接続を確保し，用途に応じた OS を導入した後，そのサービスを行うためのサーバソフトウェアをインストールして利用可能な状態にすることである。

9.6.1 従来型のサーバ構築

　コンピュータのハードウェア選定にあたってはクライアントの数に応じて要求性能が変わってくるが，それほどクライアント数が多くなく，サービス自体の負荷も高くない場合は，PC でも利用可能である。本格的なサーバの場合は，高速でコア数が多く内蔵キャッシュメモリの量が多いプロセッサを複数搭載でき，**エラー訂正**機能のある高速なメモリを必要十分な量だけ利用可能な機種を選択する。データ用には高速なハードディスクを使用し，必要に応じて **RAID** などを用いる。そのほか，電源装置が二重化され，片方が故障しても稼働し続けられる，あるいは，システムを停止することなく故障部品を交換可能（**ホットスワップ**という）などの特別な機能を持つ機種であればより望ましい。さら

に停電に備えて**無停電電源**や発電機を用意する。そして，空調の整った，入退室を制限できる専用の部屋に設置することが望ましい。

サーバはサービスを継続することが重要であるため，ハードウェアだけでなくソフトウェアも信頼性の高いものを選ぶ必要がある。信頼できるメーカーの商用 OS のサーバタイプのものでもよいし，Linux などのオープンソースの OS では，最新の機能を盛んに取り込んで頻繁にアップデートするタイプよりも，安定して稼働する実績のあるものを選ぶ。サーバソフトウェア自身も同様である。そして，公開サーバの場合はインターネットからの攻撃を受けやすいため，ソフトウェアは OS も含め，セキュリティ対策のアップデートを確実に行い，**セキュリティホール**を塞いでおく。設定やユーザのパスワードについても適切であるか気を配る必要がある。

なお，サービスを停止せずに続けられる能力を**可用性**（availability，**アベイラビリティ**）という。サーバには高い可用性が求められる。

クライアント数が多く，より大規模なサービスを行うためには1台のコンピュータでは対応しきれない場合がある。そのような場合は複数のコンピュータを用意する。また，複数台のコンピュータをひとまとめにして利用する技術の一つである**クラスタ型**の構成にすることもある。複数のコンピュータを利用する際には，負荷の偏りが生じないようにすること，クライアントからはサーバが複数であることを意識せずに利用できるようにすることが重要である。複数のコンピュータを利用することは可用性を高めることにもつながる。

サービスを継続的に行っていくためにはサーバの稼働状況を監視し，サービスの記録である**ログ**を定期的にチェックして不自然なアクセスがないかなどを確認しなければならない。そのほか，先述のセキュリティアップデートやバージョンアップなどを適切なタイミングで実施し，健全にサービスができることと不正アクセスや侵入を防ぐことの両方に気を配る必要がある。

以上のようなサーバの構築法は 2000 年代中頃までは標準的であった。しかし，現在ではこれとは別の構築法がとられるようになってきている。それは次節で述べる**仮想化技術**を利用したものである。

9.6.2 新しいサーバ構築法

まず，自分でサーバを用意せずにホームページ開設や Web サーバを設置するには，現在はどのような方法があるのか見ておこう。

個人が WWW のホームページを持ちたいと考えたとき，最も簡単なのは ISP のサービスを利用することである。ISP と契約していれば，たいていは一定のスペース（ハードディスク領域）がホームページ用に無償で提供されているので，これを利用する方法である。しかし，単にコンテンツを紹介するだけでなく，より高度な操作を行いたい場合には ISP のサービスでは対応できない。そのような場合には**サーバレンタル（ホスティングサービス）**のサービスがある。これは，業者がサーバ設置用の施設（**データセンタ**）を確保し，そこに大量のサーバ用コンピュータを設置してインターネットに接続できるようにし，これを期間を決めて利用者に貸し出すものである。利用者は遠隔作業でサーバの設定等を行う。この方式は個人だけでなく企業が簡単にサーバを設置したい場合にも利用できる。実際には 1 台のコンピュータを複数のユーザで共用することが多い。あらかじめ主要なサーバソフトウェアなどはインストールされており，ある程度の保守管理も業者側が実施するので手軽である。

しかし，このサービスの提供事業者から見れば，ハードウェア資源としてのコンピュータを顧客の不満が生じないようにうまく共有させながら，効率よく運用してサービスしなければならない。これを解決する一つの方法が実際の（実物の）コンピュータの上に仮想的なコンピュータを複数ソフトウェアで実現し，その一つを 1 台のコンピュータとしてユーザに提供する方法である。これを**仮想マシン**と呼ぶことにしよう。仮想マシンとはいっても，ユーザから見ると通常のハードウェアのコンピュータと見分けがつかず，同じように利用できる。仮想マシンはメモリやハードディスクの量の割当の自由度が高く，同じ構成の仮想マシンもコピーにより簡単に作ることができる。そして，仮想マシンは 1 台を完全に 1 ユーザに提供できるので，ユーザ間のコンピュータの共有ではなくなる。したがってトラブルも起きにくくなるし，ハードウェアとしてのコンピュータの管理も楽になる。このようにしてデータセンターには急速に

仮想化技術が取り入れられている。これにより，ハードウェアの台数を減らし，より少ない数のコンピュータを高い効率で利用できるようになった。

　ユーザは単なる Web サイトの構築だけでなく，Web を用いた新しいサービスやクラウドサービスを立ち上げることを考えるかもしれない。このような場合，それらの新しいサービスの利用者がどの程度の数になるかを最初から予測するのは難しく，サーバが1台ではすぐに足りなくなる可能性がある。逆に，複数のサーバを用意しても能力が余ってしまうかもしれない。仮想化技術を用いれば，必要になった時点で新たに仮想マシンを増やしたり，需要が減ってくると仮想マシンの数を減らしたりすることが容易である。

　この考え方を発展させ，必要なときに必要なだけの仮想マシンを利用し，使った分だけ利用料を支払うというビジネスモデルが登場した。例えば，A 社が Web やクラウドのサービスを始めようとするとき，自社でハードウェアを用意するのではなく，仮想マシンを提供する B 社のサービスを利用するようにする。A 社はすべてをこの仮想マシン上で構築し，必要に応じてその台数を増減させ，B 社へは使った分だけ料金を支払う。このようにすれば，A 社はハードウェアを用意した場合のリスクを負わず，新たなサービスを迅速に挑戦的に始められる。B 社のようなサービスとしては Amazon Web Service（AWS）の Amazon EC2/S3 や Google App Engine などがある。これらは**パブリッククラウド**と呼ばれることがある。これについては 9.7 節で詳しく述べる。このように，サーバ構築の概念は大きく変わってきている。

　仮想化を実現する方法には，すべてオープンソースで実現する方法もあり，組織内で管理しているサーバを仮想化して再構成する動きも活発である。

9.7　サービス提供側から見たクラウド

　9.3 節では利用者から見たクラウドサービスについて説明した。一方，9.6 節で述べたように，サーバの構築や運用では仮想マシンの利用が一般化しており，これもクラウドサービスの一部である。このように「クラウド」という言

葉は定義が不明確な側面があり，文脈によって指している意味が異なることが
あることに注意が必要である。本節では，サービス提供側の視点に立ってクラ
ウドサービスについて解説する。この視点でのクラウドサービスは大きく
SaaS，**PaaS**，**IaaS** の三つに分類することができ，いずれもインターネット
越しに利用する。

9.7.1 SaaS（software as a service）

SaaS（サース）は「サービスとしてのソフトウェア」という意味である。
これは，9.3 節で示したような一般利用者から見たクラウドサービスを実現す
る仕組みである。すなわち，手元の PC にインストールして利用していたアプ
リケーションと同様の機能をインターネット上のサービスとして利用する形態
を実現する。このためには，ハードウェアとしてのコンピュータ上で OS が稼
働し，さらにその上で目的のアプリケーションが動作している必要がある。利
用者はそのアプリケーションを Web ブラウザなどを通して利用する。

9.7.2 PaaS（platform as a service）

PaaS（パース）は「サービスとしてのプラットフォーム」ということにな
る。ここでいうプラットフォームとはその上でアプリケーションを動かすため
の土台を意味している。一般的には OS と**ミドルウェア**（OS とアプリケーショ
ンの間で動作する普遍的で共通的な機能を持つソフトウェアで，例えばデータ
ベース管理システムなど），ソフトウェア開発環境などを含む。PaaS の利用者
は，サービスとして提供するソフトウェアの開発者や運用者であり，よく用い
られるプラットフォームを選んで素早くサービスを開発・提供することができ
る。プラットフォームの管理は PaaS 事業者が行う。

9.7.3 IaaS（infrastructure as a service）

IaaS（イアースあるいはアイアース）は「サービスとしてのインフラストラ
クチャ（インフラ）」である。インフラとは最下層の基盤であるが，ここでは

仮想マシンを指すと考えてよい。仮想マシンはハードウェアとして購入するコンピュータと同じように使うことができる。すなわち，CPU の種類やグレード，個数，メモリやストレージの量，ネットワークの接続形態などを自由に選択し，その上に任意の OS をインストールできる。一般的に IaaS もインターネット越しに利用するため，少なくとも仮想マシン上でネットワークが機能する必要がある。すなわち，OS がインストールされている必要がある。そこで，利用者は IaaS 事業者が用意する**コンソール機能**にまず接続して，上記の CPU 等の選択をするとともに OS も選択して仮想マシンを構成・起動してからそれを利用する。OS の管理や必要なソフトウェアのインストール，管理は利用者が行う。SaaS，PaaS，IaaS の比較を**図 9.7** に示す。

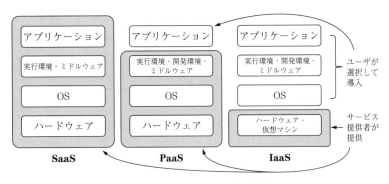

図 9.7　クラウドのタイプの比較

PaaS/IaaS としてよく知られているのは Amazon の AWS，Microsoft の Azure，Google の GCP（google cloud platform）などである。これらは多くのサービスを含んでおり，PaaS として利用できるものと IaaS として利用できるものがある。

9.7.4　利用方法・利用の範囲による分類

　クラウドを利用の範囲から見ると大きく四つに分けることができる。一般にイメージされる，ユーザ登録をすれば誰でも利用できるものは**パブリッククラウド**と呼ばれ，クラウド事業者が運営する。

　一方，例えば，データの機密性保持等の観点から社内でのみ利用するクラウ
ドは**プライベートクラウド**と呼ばれ，社内（組織内）や委託先の業者により運
営される。この中間に位置するのがコミュニティクラウドで業界団体などの特
定のコミュニティの中でのみ利用する。運営はコミュニティ内の組織，または
委託先の業者が行う。四つ目は以上の三つの組合せであるハイブリッドクラウ
ドである。

　なお，サーバなどのハードウェア機器類を組織内（敷地内）に設置して運用
するスタイルを**オンプレミス**という。この定義によればプライベートクラウド
は機器が敷地内（構内）にあればオンプレミスといえなくはないが，一般的に
オンプレミスという用語はクラウドの対義語的な意味合いで使われることが多
い。

9.7.5　クラウドの構築

　クラウドを構築するソフトウェアはいくつかのメーカーより製品化されてい
るが，オープンソースのものもある。例えば，**OpenStack** はその一例で，IaaS
を実現することができる。これを用いれば，比較的高性能なコンピュータを用
意することができればプライベートクラウドを独自に構築して利用することが
できる。また，クラウド事業者がこれを利用してサービスを構築している場合
もある。OpenStack はモジュラー構成になっており，仮想マシンやネットワー
ク，ストレージなどが個別のコンポーネントとなっている。

9.8　仮 想 化 技 術

　前節で述べたような仮想化はどのようにして実現されるのか，簡単に触れて
おく。仮想化はさまざまなレベルで述べることができるが，ここでは，コン
ピュータ自体の仮想化，つまり仮想マシンを実際のコンピュータ1台の上に複
数実現する手法について説明する。

9.8.1 ホストOS型

ホストOS型では，ハードウェアの上で動作する通常のOSがホストOSとなり，その上でこのOSから見ればアプリケーションとなる，ソフトウェアで作られた仮想マシンを動かす方式である。この仮想マシンの上では**ゲストOS**が動き，さらにその上で，一般的なアプリケーションソフトウェアが実行される。この方式を**図9.8**に示す。

App：アプリケーション
図9.8 ホストOS型

　この方式のメリットは，仮想マシンが完全にソフトウェアでつくられているため，理論的にはあらゆる種類の仮想マシンをつくることができる点である。実際のハードウェアで用いられているプロセッサとはまったく違う種類のプロセッサの仮想マシンを実現することもできる。一方，デメリットは実行スピードである。プロセッサも完全にソフトウェアで実現されているため，そのスピードはハードウェアに遠く及ばない。近年の高速なプロセッサの登場を受けてようやく使えるようになってきた。

9.8.2 ハイパーバイザ型

　もう一つの仮想化の方法は**ハイパーバイザ型**である。ハイパーバイザ型の基本的な考え方は，実際のハードウェアのコンピュータに搭載されているプロセッサと仮想マシンのプロセッサを同種のものに限定し，仮想マシン上の命令の実行は実際のプロセッサで実行するということである。これにより，実行スピードは実際のハードウェアだけを使用する場合にかなり近くなる。ただし，これは実際のプロセッサを奪い合ううえ，OSの仕事を勝手に行うことになるため，それをうまくさばくためにハードウェアの支援が必要である。具体的に

は Intel の x86 プロセッサでは **Intel-VT** と呼ばれる技術が搭載されたプロセッサを利用する必要がある。**図 9.9** にハイパーバイザ型の構成を示す。

図 9.9 ハイパーバイザ型の
構成

　この方式では，ハードウェアの上にハイパーバイザが位置する構成となり，仮想マシンやゲスト OS はその上で稼働する。ホスト OS については，ゲスト OS と同様の階層に位置する構成法と，ホスト OS がハイパーバイザ機能を内包する構成法がある。ハイパーバイザ型は，さらに**準仮想化方式**と**完全仮想化方式**に分けられる。完全仮想化方式ではゲスト OS に対して何も変更を加えなくとも稼働させることができる。これは，Windows のように商用製品でソースコードが公開されていない OS では有効である。しかし，完全仮想化を行うのにはコストがかかるため，性能はやや制限される。これに対し，準仮想化方式はゲスト OS のカーネルに対して，わずかに手を加えることで，効率的な実行を可能とし，性能を向上させることができる。しかし，カーネルの修正が必要であるため，オープンソースなどのソースコードを改変可能な OS に限って利用可能な方式である。

　また，仮想マシンは，同じハイパーバイザを用いて稼働している複数の実際のコンピュータ間で移動させることができる。これを**マイグレーション**といい，移動させられる仮想マシンが稼働中のまま移動できる場合はライブマイグレーションという。これにより，ハードウェア間の負荷の均衡を図ることができ，より効率的に運用することができるほか，仮想マシンのネットワークの接続性はマイグレーションが生じても継続されるので，ハードウェアがトラブルやメンテナンスで停止する場合にも仮想マシンを移動させてサービスを継続できる。**図 9.10** にマイグレーションの様子を示す。

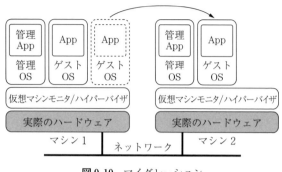

図 9.10 マイグレーション

9.8.3 仮想マシンを実現するソフトウェア

現在，仮想マシン提供のための環境として広く用いられているのはオープンソースの **Xen** や **KVM** などを用いたハイパーバイザ型である。両者ともにLinux のカーネルに組み込んで使用するが，現在では KVM が標準的に利用できるようにあらかじめ組み込まれた状態の Linux カーネルが提供されている。Linux は無償で利用できるため，一定以上の性能と仮想化支援機能を備えたプロセッサを使用すれば，個人でも仮想マシンの環境を簡単に利用できる。Windows 用ハイパーバイザとしては Microsoft により **Hyper-V** が用意されている。Windows 10 では Windows 上で Linux の機能を利用する Windows Subsystem for Linux（**WSL**）が搭載されたが，2021 年時点の最新版であるWSL2 は Hyper-V のハイパーバイザ機能の上に構築されており，ほぼ完全なLinux として利用できる。

一方，個人が Mac を利用中に一時的に Windows 環境を利用する，Windows上で Linux を利用するためなどに用いられているのは VMWare Fusion やWorkstation Player，オラクルの VirtualBox などのソフトウェア製品でオープンソースや無償のものもある。これらはホスト OS 型が多い。

9.8.4　コンテナ技術

　仮想マシンによる仮想化は非常に自由度が高く，ホスト OS や他の仮想マシンからの独立（隔離）のレベルが高い一方，使用するリソース（CPU の利用時間や使用メモリ量など）が多く場合によっては起動にも時間がかかる。これらの不利な点をオーバヘッドと呼ぶ。これに対し，仮想マシンやゲスト OS まで含むのではなく，アプリケーションの実行環境さえ個々に独立にすることができれば十分なケースも多い。

　古くから，UNIX における **chroot** や UNIX 系オープンソース OS の **FreeBSD** の **jail** のように，OS にはセキュリティの観点で隔離環境を実現するしくみがある。これらは現在はより洗練されて**サンドボックス**と呼ばれ，隔離されたアプリケーション実行環境となっている。あるサンドボックス内で実行しているアプリケーションは OS や他のサンドボックスで実行しているアプリケーション，他のユーザに影響を与えない。これにより，実行したアプリケーションに不具合があったり，マルウェアであった場合にも被害を最小限度にとどめることができる。このため，スマートフォンの OS などでも取り入れられている。

　これと同様の発想で，アプリケーションの効率的な実行を主目的に仮想化の一方式として登場したのが**コンテナ**技術である。2010 年代半ば頃より，仮想マシン方式の利用範囲の一部を代替する技術として発展してきた。仮想マシンがハードウェアレベルでの抽象化であるとすれば，コンテナ技術は OS レベルでの抽象化といえる。コンテナ技術ではアプリケーションとその実行環境をコンテナとして隔離し，OS 上で複数のコンテナを実行する。コンテナは OS のカーネルを共有しており，コンテナごとに OS があるわけではないので，オーバヘッドが小さく，起動も早い。OS 上でコンテナの動作に必要な機能などを提供する階層はコンテナ管理ソフトウェア（**コンテナエンジン**）と呼ばれ，**Docker** がよく知られている。コンテナも仮想マシン同様にコンテナイメージというデータの状態で管理できるため，コピーが容易である。また，複数のハードウェア上のコンテナの配置を管理し効率的に運用するためには **Kubernetes** などの管理用ソフトウェアが用いられる。このようにさまざまな

機能を持つ個々のソフトウェアを統括し，効率よく運用できるように全体管理を行うことを**オーケストレーション**といい，そのようなソフトウェアをオーケストレーションツールという。ツール（tool）とは道具という意味であるが，コンピュータやアプリケーションの利用，開発を支援するタイプのソフトウェアはツールと呼ばれることが多い。

演 習 問 題

〔**9.1**〕 コンピュータやネットワークの技術としては，従来からさまざまな分野で仮想化技術が用いられてきた。そのような例をいくつか挙げなさい。

〔**9.2**〕 クラウドは便利な技術であるが，問題点がまったくないわけではない。どのような問題があるのか，それを解決するにはどうすればよいのか，あるいは，問題があるという前提でどのように利用すればよいのか考えなさい。

10章 情報セキュリティ

◆ 本章のテーマ

本章では ICT を安心して利用するために必須のものである情報セキュリティを扱う。情報セキュリティを高めるために何を検討する必要があるのかを考える。また，セキュリティ技術の一つとして，暗号について基本的な考え方を学んでいく。さらに，昨今では毎日のように利用する Web アプリケーションにひそむ危険性，一般の PC に忍びよるマルウェアについても解説する。

◆ 本章の構成（キーワード）

10.1 情報セキュリティとは
機密性，完全性，可用性，パスワード認証

10.2 暗号の基礎知識
符号化，共通鍵暗号，公開鍵暗号，ハイブリッド方式

10.3 Web アプリケーションのセキュリティ
セッション管理，Cookie，XSS，SQL インジェクション，CSRF

10.4 マルウェア（コンピュータウイルス）
ボット，スパイウェア，スピア型攻撃

◆ 本章を学ぶと以下の内容をマスターできます

☞ 情報セキュリティの必然性を理解する

☞ 暗号のための基礎知識，共通鍵暗号と公開鍵暗号の特徴

☞ もっともシンプルな暗号：シーザー暗号のしくみ

☞ Web アプリケーションは何が危険なのか

☞ コンピュータウイルスの危険性，スピア型（標的型）攻撃とは

10.1   情報セキュリティとは

10.1.1   情報セキュリティの概要

情報セキュリティとは，情報を保護する技術，手段あるいはそれらとともに考え方までを含めた概念のことである。ここで扱う情報とは，コンピュータで扱える電子化されたデータのことを指す。また，セキュリティとは，安全，安心，保護，保安，防衛，防犯などの意味を持つが，「守る」こと，そしてそれによって安心を得ることである。もう少し具体的にいえば電子化されたあらゆる情報を，悪意のある攻撃的な外的要因から守ることである。

一般に情報セキュリティといった場合，組織がその組織がかかわるコンピュータネットワーク全体，あるいはその中のサーバやクライアントPCに対する防御・保護を行うことが想定されがちではあるが，インターネットが発達し，パソコン以外にスマートフォンを含む携帯電話でインターネットにアクセスする昨今では，個人が行うセキュリティ対策も非常に重要な意味を持つ。

情報セキュリティの度合いを測るものとして，**機密性・完全性・可用性**の三つが挙げられる。

- **機密性**（confidentiality）

    利用者の権限に応じた情報開示・情報制限がかけられること。

- **完全性**（integrity）

    正確さ，完全さを保つ（＝改変されていない）こと。

- **可用性**（availability）

    権限者に対して必要に応じた情報の開示ができること。

これらは高い水準にするに越したことはないが，ただやみくもに高く保てばよいというものではなく，適切なレベルに維持することが必要となる。情報セキュリティレベルの向上は利便性の低下を伴うこともあり，また，それ相応のコストがかかるからである。

ここでは，情報セキュリティの必要性を理解し，特に重要となる暗号，Webアプリケーションのセキュリティの基礎およびマルウェアについて扱う。

10.1.2 情報セキュリティの効果

　情報を守るという行為は，古くは古代ローマ時代から暗号化が行われている
ように，その重要性は昔から変わっていない。しかしながら，コンピュータの
性能が向上するに伴い，暗号にもより複雑なものが求められるようになってき
た。また，インターネットの普及により，情報のやり取りは公共回線上で安価
に行われるようになってきている。これは，同時にどこからでも情報が漏洩す
る危険性があることを示している。情報が瞬時に世界中に拡散できるように
なった昨今では，情報セキュリティは非常に重要なものとなってきている。

　情報セキュリティの基本として，本書では認証，暗号，Web アプリケーショ
ンのサーバでの対応，**マルウェア**対策を扱うが，これらはそれぞれ異なった目
的を持っている（**表10.1**）。

表10.1　情報セキュリティ対策とその効果

対　　策	機密性	完全性	可用性	利便性	コスト
認　証	○	−	◎	△	△
暗　号	◎	○	−	×	△
デジタル署名	−	◎	−	△	△
サーバ対応	○	−	○	△	×
マルウェア対策	○	○	−	△	△

　認証は本人確認を行うものであり，可用性の確保を目的としている。また，
結果としては，利用制限と併せて機密性を少し高めるものといえる。暗号を用
いることで情報を秘匿するということは機密性を高めるためのものである。暗
号化したものは，正しい手順でのみ元の情報に復号できるので，付随して完全
性もあるといえる。デジタル署名は，情報の中身が改変されていないことを示
すものであり，完全性を高めるものである。

　一方，サーバにおける Web アプリケーションの適切な取扱いは情報を保護
したり，適切な情報開示を行うことから，機密性・可用性をある程度確保する
こととなる。コンピュータウイルスなどのマルウェアに対する対策は，不正な
処理をするアプリケーションを排除することから，ある程度，機密性・完全性

を向上させることができるといえる。一方，これらのいずれの処理も利便性の
低下やコストの増加を大なり小なり招くこととなる。

10.1.3　情報セキュリティの欠如・不足時の問題点

　情報セキュリティの重要性を考えるために，情報セキュリティが十分でない
とどのような被害が起きるかを考えてみよう。

　個人レベルでの影響として，最もわかりやすいものは，コンピュータウイル
スへの感染である。コンピュータウイルスに感染した場合，さまざまな問題が
引き起こされる。単純なところでは，コンピュータの不調やコンピュータ上の
情報が搾取されるなどがあるが，そのコンピュータが踏み台にされて DDoS
（distributed denial of services）攻撃に加担してしまう場合などは，他者への影
響も発生する。

　組織レベルの場合には，被害はもっと大きくなる。サーバへの侵入を許した
場合，システムが停止したり，サーバにある非公開情報を搾取されたり，サー
バ上の情報を書き換えられてしまうこともある。

10.1.4　認証による可用性の確保

　重要な情報が入っているコンピュータの紛失や盗難などがニュースで取り上
げられることがあり，このような際に「パスワードで保護してあるので，情報
の漏洩はないはず」という話が出てくることがある。ここで出てくる「パス
ワードによる保護」とは，「そのコンピュータを使用するにはログオンする必
要があり，そのためにはパスワードによる認証を経なければならない」といっ
た状況を指す。

　では，パスワードによる認証とは何をしているのだろうか。認証という言葉
を辞書で調べると

　　　「一定の行為や文書の作成が正当な手続きによってなされたことを，定
　　　められた公の機関が証明すること。」

（大辞林 第二版［goo 辞書］より）

と出てくる。広義には認証とは何らかの手続きにより，正しい利用者であることを確認することをいう。一般的な場であると，免許証による本人確認やパスポートによる入出国時の確認，印鑑証明の利用などが挙げられる。コンピュータにかかわる場では，パスワードをチェックすることでシステム（OS や Web システム）が本人であることを確認するということになる。通常の**パスワード認証**では，ユーザ確認のみが目的であり（特に暗号化などを設定していない限り），情報が直接守られているわけではない。

　パスワード認証は鍵をかける行為にたとえることができる。鍵をかけることで，家の中へ入ることができるのは鍵を持つ人のみとなるはずだが，鍵を破壊されたり，別の入口からの侵入を許してしまうことがありうる。「鍵を破壊される」とは，ハードディスクを取り外して別のシステムで情報を読み出すことや，後述する SQL インジェクションなどで認証自体を回避することを意味する。また「別の入口からの侵入」とは，アプリケーションの**セキュリティホール**を突かれて侵入を許したり，マルウェア感染による**バックドア**（侵入のための入口）の設置などのことを意味する。パスワードによる認証は，可用性を持たせるという意味で，情報セキュリティとして非常に重要な意味を持つが，それだけであらゆる対処ができるわけではないので，他の手段と併せて活用する必要がある。

10.2　暗号の基礎知識

10.2.1　暗　号　と　は

　暗号化とは，もとのデータを別のデータに変換し，その中身をわからなくすることであり，その行為（処理）のことを**暗号化**といい，暗号化によってできたデータを**暗号**という。暗号化されたデータをもとのデータである**平文**に戻す行為を**復号**という。暗号化を行うためには「方法（アルゴリズム）」とそこで用いる「鍵」を用意する必要があり，正しい鍵を持っている人だけが復号できるようになっている。

最も単純な暗号としては，単語の置き換えであり，これはコードや符牒，隠語とも呼ばれる。いわゆる「合言葉」もこの一種といえる。これに対し，文字あるいはビット単位で変換する方法を**サイファ**（**符号化**による暗号化）という。以降では，暗号化とはこのサイファのことを指す。

　暗号は機密性を向上させるために用いられるものであるが，データを直接盗まれないようにするというよりは，盗まれても中身をわからないようにするものといえる。これにより，なんらかの方法で認証が回避されてしまった場合でも暗号化によって機密性が保たれていれば，被害を減少させることができる。

　暗号には大きく分けて，2（+1）個の方法がある。**共通鍵暗号**と**公開鍵暗号**およびそれらを組み合わせた**ハイブリッド方式**の暗号である。

　共通鍵暗号は，暗号化・復号を高速に行うことができ，昨今の膨大なデータに対しても現実的な時間で処理を行うことができる。ただし，鍵を事前に共有する必要があり，鍵を正しく共有することに手間がかかる。

　公開鍵暗号は，鍵を公開することが可能であり，鍵の共有は容易にできるが，鍵自体の真偽の確認が必要なことと，暗号化および復号のための演算に非常に時間がかかり，膨大なデータを対象とした場合，昨今のコンピュータを用いても現実的な時間の中で処理を行うことが困難である。それぞれについての詳細は次項以降で述べる。

　ハイブリッド方式は，共通鍵暗号と公開鍵暗号を両方とも利用するものである。共通鍵を自動生成し，実際のデータは共通鍵暗号を用いる。共通鍵を事前に共有するための手段として公開鍵暗号を用いる。

10.2.2　暗号処理の基礎

コンピュータでの暗号化は符号化の一種といえる。符号化とはデータを一定の処理を用いて変換することを指す。コンピュータ上ではあらゆるデータは数値化し符号として扱うため，暗号化する際にはテキスト以外の画像や音声ファイルなども暗号化することができる。

　暗号化したものは復号できなければ意味がないため，暗号化に伴う符号化時

の変換は一意である。ここでの「変換が一意である」とは変換前の値と変換後の値が 1 対 1 であることである。すなわち，変換前の値が同じであれば変換後の値も同じであり，変換後の値が同じであれば変換前の値も同じである。別の言い方をすると，変換前の対象となるすべての値の個数と変換後のすべての値の個数は同数であり，対応づけがなされている。

　ただし，実際の暗号化を行う場合には，完全に 1 対 1 だと解読されやすくなるため，処理を進めるごとに手順や鍵を動的に変更する。このため，実際の暗号化では，全体に対する変換前のそれぞれの値と変換後のそれぞれの値は一意ではない。しかし，変換処理関数自体は一意な値を生成するものを利用している。

　共通鍵暗号では，一つの鍵を用いて暗号化も復号もできる**可逆性**が必要である。可逆性があるとは，結果の値から，もとの値が計算できることである。暗号における可逆とは，一つの鍵を用いて単にもとの値を求めることが難しくないことであり，もとの値を求めることが十分に（スーパーコンピュータを利用しても非常に大きな時間がかかるほど）難しければ不可逆とみなす。数学的な表現をするならば，逆関数があれば可逆といえる。

10.2.3　共 通 鍵 暗 号

　共通鍵暗号とは暗号化および復号に共通の鍵を用いる暗号方式のことである。公開鍵暗号が世に出てくるまでは，暗号といえば共通鍵暗号のことを指していた。一般に，共通鍵暗号は公開鍵暗号に比べて必要となる演算コストが低く，コンピュータで容易に処理を行うことができる。代表的な共通鍵暗号には，DES（data encryption standard）や AES（advanced encryption standard）といったものがある。

　最も古典的で単純な共通鍵暗号としては，古代ローマ時代から使われている**シーザー暗号**がある。文字単位で処理を行う暗号方式で，一つの数値を鍵とし平文の文字を鍵の値の文だけずらした結果を暗号の文字として扱う。

　例えば，文字としてアルファベットの大文字の 26 文字だけに絞り，鍵が 3 の場合，A は D に，B は E に，C は F に，W は Z に変換される。文字は 26 文

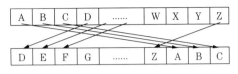

図 10.1 シーザー暗号での変換

字でループするものとし，X は A に，Y は B に，Z は C に変換される（**図 10.1**）。

　この方法で，「HELLO」を暗号化すると，「KHOOR」になる。復号する際には，逆方向にずらせばよく，A は X に，B は Y に，C は Z に，……，Y は V に，Z は W に変換すればよい。

　シーザー暗号のように文字単位で暗号化を行う場合，鍵を秘匿し続けたとしても，英語では，「A」や「THE」など非常に多く出てくる単語があり，文字や単語の出現頻度で暗号が解読されてしまう場合がある。また，上記の例の場合，鍵の種類は 25 種類しかなく，総当りで試すことで鍵がわかってしまう場合もあるが，現在，実際に利用されている共通鍵暗号はもっと複雑なものである。

　複雑な共通鍵暗号の場合においても共通鍵暗号には大きな問題がある。それは，どうすれば鍵が適切に共有・管理できるのか，ということである。

　暗号化および復号を行うユーザが同一であればそれほど問題にはならないが，通信などで利用する場合，暗号化するものと復号するものが離れた場所に存在する場合には鍵の受渡しが必要となる。この場合，鍵自体を通信で受け渡しすると鍵自体を盗まれる恐れがある。この場合，鍵自体の受渡しは別の方法で行うことが望ましい。

　さらに，通信相手が複数いる場合には鍵をどのように管理するかも問題となる。複数の相手に同じ鍵を用いると，万一，鍵が盗まれた場合，すべての相手に影響する。個別に鍵を用いる場合，通信相手の数だけ鍵を用意する必要があり，管理が複雑になる。

　この鍵の受渡しにかかわる問題を解決する方法として，次項の公開鍵暗号が出てくることになる。現状では，公開鍵暗号のメリットは非常に大きいものの，演算コストの面から通信の暗号化などには，前述したハイブリッド方式（共通鍵暗号＋公開鍵暗号）が用いられている。

10.2.4　公 開 鍵 暗 号

　公開鍵暗号とは，暗号化と復号に別々の鍵を用いる暗号方式であり，暗号化には公開鍵を，復号には秘密鍵を用いる。この二つの鍵はペアになっており，公開鍵 P_A で暗号化したものは，公開鍵 P_A と対になる秘密鍵 S_A でのみ復号できる。秘密鍵 S_A でのみということは公開鍵 P_A でも復号できないということを意味する（**図 10.2**）。

図 10.2　公開鍵暗号の考え方

　このようなしくみが実現できることで，暗号化に用いる鍵を隠す必要がなくなり，おおやけな場での鍵の受渡しが可能となる。公開鍵暗号を利用するユーザ（仮にユーザ A とする）は，まず，公開鍵と秘密鍵という鍵のペアを作成し，公開鍵のみを他者に対して公開する。ユーザ A に対して暗号文を送りたいユーザは，ユーザ A が公開した公開鍵を用いて暗号化を行う。公開鍵では復号できないので，あらゆるユーザは共通してこの鍵を用いることができる。ユーザ A は暗号化された情報を手に入れたら秘密鍵で復号することとなる。ユーザ A は，この秘密鍵一つを秘匿に管理すればよいわけである。

　実際にこのような暗号方式を実現するには，以下のような条件が必要となる。

　　・公開鍵 P_A による暗号化関数の逆関数が存在しない

　　・秘密鍵 S_A による復号ができる

　ただし，逆関数が存在しないという条件は，存在したとしても，その計算量が膨大でスーパーコンピュータを用いても実時間内に演算が終わらない，という程度で十分である。これを満たしたものとして実用化されているものとして **RSA 暗号**などがある。

10.2.5 デジタル署名

公開鍵暗号の一つである RSA 暗号はその性質上，公開鍵の値 E と秘密鍵の値 D は入れ替えが可能である。すなわち，秘密鍵を用いての暗号化が可能である。この場合，秘密鍵では復号はできず，公開鍵のみで復号ができる。この性質を生かして，RSA 暗号を用いたデジタル署名を行うことができる。

デジタル署名とはデジタルデータに署名を付けることによってもとのデータが改変されていないことを署名者が証明するものである。もし，データが改変された場合，デジタル署名との整合性が取れなくなることから，改変されていることを確認できる。

RSA 暗号を用いたデジタル署名を行う際には，秘密鍵による暗号化を応用する。文書 X に対してデジタル署名を行いたいユーザ A は，まず，文書 X を表すユニークな値である**ハッシュ値**を求めていく。このハッシュ値を自分の秘密鍵 S_A を用いて暗号化したものが文書 X に対するユーザ A のデジタル署名となる。デジタル署名付きの文書として配布する際には文書 X とともにこのデジタル署名を併せて配布する。

デジタル署名付き文書を受け取り確認したいユーザは，文書 X のハッシュ値を求め，併せてデジタル署名をユーザ A の公開鍵 P_A を用いて復号する。復号したものを文書 X のハッシュ値と比較して一致すれば，文書 X はユーザ A が正しく署名したデータであることがわかる。復号できない場合は，そもそもデジタル署名がユーザ A が行ったものではないことがわかり，復号できても

┌─ コ ラ ム ─┐

PPAP 問題

　パスワード付きファイルとパスワードをメールで別々に送付する行為のことを PPAP と呼ぶが，この方法はメールが漏れた時点でファイルとパスワードの両方を取得し中身を閲覧できるため，適切な方法とはいえない。2020 年代に入って，日本政府での利用が禁止され，民間でも利用が抑制されるようになった。

ハッシュ値と一致しない場合は，途中で改変されたことがわかる。

このように RSA 暗号はデジタル署名のための手段としても利用でき，実際に RSA 暗号を用いた暗号化ツールでは多くの場合，デジタル署名が利用可能である。RSA 暗号を利用した暗号化ツールの一つに，GnuPG などがある。これは，OpenPGP 規格を実装したものであり，GPLv2 ライセンスのもとで配布が行われている。

10.3 Web アプリケーションのセキュリティ

10.3.1 Web アプリケーションの危険

昨今の Web 利用形態としては単に情報閲覧を行うためだけでなく，Web ショッピングなど，ユーザがサーバとさまざまな情報をやり取りすることも多くなってきている。これらはサーバ側では Web アプリケーションとして設置されている。

これらの Web アプリケーションを設置するにあたっては，**セッション管理**を適切に行うことが求められる。セッション管理とは，Web サイト内でページをまたいで情報を共有するために，各種情報をセッションとしてサーバ側で管理することを指す。具体的には，ショッピングサイトでカートに新しく商品を入れるごとにログイン処理を求めていたのでは非常に手間がかかる。このため，**クッキー**（**cookie**）を用いて同一ユーザからのアクセスであることを確認してページ間でログイン情報を共有している。クッキーとはサーバからの要求に応じて，ブラウザ側で情報を保持し，同一サーバにアクセスする際にその情報をサーバにわたすしくみである。ブラウザにわたす情報として，セッション ID というユニークな値を用いることで，ユーザ・ブラウザを識別している。

最近の Web アプリケーションは，これらのセッション管理を安全に行うしくみを用いているため，問題はあまりないが，古いサイト・Web アプリケーションでは，独自にセッション管理をしている場合がある。アカウント情報やフォームで入力された値などはサーバ側で保持するべきであるが，まれにこれ

らをクッキーに保持したり，ひどい場合には URL に保持する方法をとっている場合がある。URL やクッキーの値は改変可能であり，これを書き換えただけで別ユーザに**なりすまし**ができてしまっては問題である。これらの値の改変があった場合でも問題なく動作するように設計する必要がある。

また，Web アプリケーションでは，配送先などさまざまな情報を入力する入力フォームが利用されるが，この入力フォームに対する攻撃が行われることも多く，適切な対応が必要である。

古い Web サイトで CGI などを使って外部プログラムを直接利用する場合，この外部プログラムに問題があると，そこからサーバが乗っとられてしまうこともある。このような問題を起こす**セキュリティホール**に**バッファオーバフロー**がある。Web 入力フォームに通常ではあり得ない大量データを入力することで誤動作を引き起こす。通常はデータ入力に対して，許容量以上の入力があった場合には，許容量を超える部分は破棄するのがプログラム実装上の作法だが，この処理を忘れることでバッファオーバフローが発生する。バッファオーバフローはサーバ内の任意のプログラムを起動させることができる場合があり，サーバ自体の管理権限を奪われてしまうこともある。

昨今ではこのような問題を含むサイトは少ないと思われるが，新しいしくみには新しい攻撃方法が出てくるので，それぞれに対処が必要となる。

10.3.2　Web アプリケーションに対する攻撃

ここでは昨今の Web アプリケーションで気をつけたい三つの Web アプリケーション攻撃について触れる。

〔1〕　**XSS**　　**XSS**（cross site scripting）とは，サイトをまたいで悪意のあるスクリプトを実行させる攻撃方法である。XSS が実行される問題は，当該 Web サイトにおける入力情報の取扱いの不備にある。Web サイトにおいて，フォームへの入力情報を遷移した先の Web ページで表示することは，内容確認やユーザ名表示などでよく行われる。このとき，入力されたものをそのまま表示するようになっている場合にセキュリティホールとなる。入力情報に

HTML タグつきで値を入力し，それがそのまま表示されることがわかれば，悪意のあるユーザは <script> タグを用いて，JavaScript をページ内に埋め込むことが可能になる。さらにスクリプトが埋め込まれた状態のページへの誘導が URL によって可能な場合，悪意のあるユーザが管理するサイトから当該ページへアクセスさせることにより，そのユーザの各種情報を悪意のあるサイトへ送信することができてしまう。

　XSS を回避するにはフォームへの入力情報を Web ページで利用する際に，HTML タグにならないように，「&（アンドマーク）」，「<（小なり記号）」，「>（大なり記号）」をそれぞれ，「&」，「<」，「>」に置き換える（＝**エスケープ**する）ことである。こうすることで HTML として機能せずにブラウザで表示されるため，スクリプトが実行されることがなくなる。

〔2〕**SQL インジェクション**　　**SQL インジェクション**とは，フォームに SQL 文を入力することで，データベースの操作を勝手に行う攻撃方法である。データベースから情報を引き出されたり，データベースの情報を書き換えられたりすることがある。昨今の Web アプリケーションはデータ保持のため，バックエンドに必ずといっていいほどデータベースが存在し，そのほとんどが SQL を用いる RDB を用いている。

┌─────────────┐
│ コ ラ ム │
└─────────────┘

フィッシング詐欺

　大手企業や銀行等を装ったメールやそこから誘導される偽サイトを用いて，個人情報やパスワードなどを集める詐欺をフィッシング（phishing）詐欺という。一時期は，おかしな日本語であったり，フォントが不自然であったりして容易に見分けることができていたが，年々，巧妙になって本物と見分けがつかなくなってきている。怪しいメールに返信したり，メール中のリンクへアクセスしたりせず，必要であればメール中のリンクからではなく，直接あるいは検索から当該企業・銀行のサイトへ行くように心がける。併せて，重要な情報の閲覧・入力を行う際には URL の横にあるアイコンから接続の保護情報から証明書（デジタル署名）を確認することが望ましい。

フォームに入力された値は，データベースから情報を引き出したり，格納するために SQL の中で利用される。この際，入力された値をそのまま利用していると，SQL インジェクションの攻撃を許すことになってしまう。フォームでの入力内容に，SQL を途中で終了し，新たな SQL を追加するなどの内容が含まれていて，それがそのまま実行されてしまうことがあるからである。

SQL インジェクションを回避するためには，SQL の処理を独自に行わず，prepared statement などを用いることである。これにより，自動的に不適切な文字のエスケープが行われる。

〔3〕 **CSRF**   **CSRF**（cross-site request forgeries）とは，掲示板などに勝手に書き込みを行わせる攻撃である。被害者は悪意のあるサイトにアクセスしただけで，その掲示板とは別の掲示板などに書込みをさせられてしまう。書込みアクセス自体は被害者のブラウザから行われるため，サーバ側の記録も被害者の利用していた IP アドレスなどが残る。

この問題は，CSRF 対策をしていない掲示板側にある。本来であれば，掲示板サイトに存在する入力フォームから投稿があった場合のみ受け付けるべきであるが，別サイトからの投稿を受け付けてしまっているために，この攻撃が可能となっている。投稿元がどこなのかを判断して投稿を受け付けるようにすることで対応可能である。

なお，これらの脆弱性およびその対応を学ぶツールとして，独立行政法人情報処理推進機構（IPA）が提供している AppGoat がある。AppGoat は仮想の Web サイトに対して攻撃を実際に行うことで，その対策が学べるようになっている。

10.4　マルウェア（コンピュータウイルス）

10.4.1　マルウェアとは

マルウェアとはコンピュータに危害を加えるソフトウェアの総称であり，**コンピュータウイルス**もマルウェアの一種である。昨今ではコンピュータウイル

スの定義からは外れるものの，コンピュータにとって有害なものがあるため，マルウェアという名称が利用される。

　コンピュータウイルスは経済産業省による定義上，「自己伝染機能，潜伏機能，発病機能のいずれか一つ以上を有するもの」となっている。コンピュータウイルスとは異なるものとして，最近では**ボット**や**スパイウェア**などといったマルウェアが増えてきている。マルウェア対策として，最も重要なのは**ウイルス対策ソフト**を導入し，最新の状態に保つことである。また，OS 本体を含めて，ソフトウェアのアップデートを定期的に行うことも重要である。

10.4.2　ボットとボットネットワーク

　近年，増えているマルウェアに**ボット**がある。ボットとはマルウェアの一種であり，コンピュータウイルスなどと同じ方法で感染する。ボットの特徴としては，コンピュータウイルスと異なり，感染後すぐに実害が出ることはなく，指示待ち状態となり，**ボットネットワーク**に組み込まれた状態となる。

　ボットネットワークを介して攻撃者からの指示を受け，その指示内容を実行することで初めてマルウェアとして機能する。指示の内容はさまざまで，迷惑メール（SPAM）の送信であったり，タイミングを見計らっての DDoS 攻撃への加担であったりする。直接攻撃に参加せずに他のボットへの仲介のみを行うこともある。

　この結果，攻撃を受けた側は，首謀者を絞り込むことができず，対処が後手に回ることになる。最近のウイルス対策ソフトはボットにも対応しているので，ウイルス対策ソフトを用いるのがボット対策として有効である。

10.4.3　スパイウェア

　スパイウェアとはユーザの**行動履歴**などを監視し，それらの情報を外部に送信するものである。これにより，銀行やショッピングサイトでの買い物状況を知られてしまったりする。また，キー入力を直接読み出すキーロガーなどの場合，パスワードを含む入力情報すべてが漏れることもある。

10.4.4 スピア型攻撃

ここ数年で新たに出現した攻撃方法が**スピア型攻撃**であり，**標的型攻撃**と呼ばれることもある。侵入・攻撃方法などは他のマルウェアと同様であるが，特徴としては特定の個人あるいは組織をピンポイントに狙い撃ちにするところが異なる。スピア型攻撃ではマルウェア自体の拡散を狙っていない。さらに完全に新しいマルウェアを用意することもあり，この場合，ウイルス対策ソフトでも対応ができないことが多い。実際に大企業や公官庁が狙われ，情報漏洩などにつながった例もある。

演 習 問 題

〔**10.1**〕 シーザー暗号でアルファベット 26 文字を暗号化する場合，以下に答えなさい。
    1） 平文「DOG」を鍵 3 で暗号化した場合の暗号文は何か。
    2） 平文「USJ」を鍵 8 で暗号化した場合の暗号文は何か。
    3） 平文「TDL」を暗号化した結果，暗号文は「JTB」になった。このときの鍵は何か（0 以上の整数で最小のもので答えなさい）。

〔**10.2**〕 公開鍵暗号化の特性について，秘密鍵暗号との違いを以下の 2 点に絞って説明しなさい。
    1） 復号するための鍵の扱いについて
    2） 特に RSA 暗号におけるデジタル署名について

11章 そのほかのトピック

◆ 本章のテーマ

　本章はこれまでの章で触れることができなかった，ICT にかかわるいくつかの特徴的なトピックを扱っている。それぞれは小さなトピックではあるが，メディアとのかかわりは大きく，メディア学で ICT を活用するうえでは必ず知っておきたい内容である。

◆ 本章を学ぶと以下の内容をマスターできます

☞　ユビキタスコンピューティングによって今後広がるであろう世界について

☞　IC チップと短距離無線通信を用いたデータのやり取りのしくみ

☞　データ・コンテンツを分散して管理・受渡しを行う P 2 P 技術

☞　IoT / CPS の技術と社会の変化

☞　急激に普及した AI 技術

☞　P 2 P と暗号技術を用いた安全性の高い情報の共有と更新

11.1　ユビキタス

ユビキタス（ubiquitous）とは「神は偏在する」という意味のラテン語の宗教用語である。「ユビキタスコンピューティング」などの形で用いられることが多いが日本ではこれに対して「**いつでも，どこでも**」という説明がなされる。

ユビキタスコンピューティングとは，ユーザのその時々の状況がネットワークで接続されたコンピュータ群により把握され，その時や場所に最も適したサービスが判断されて提供されるような環境を実現する技術である。実際に状況を把握するためには各種のセンサが用いられる。

位置の取得に関しては，**GPS**をはじめ，各種の技術が開発されて，スマートフォンなどにも搭載されており，それを用いたサービスが展開されている。例えば，地図やナビゲーションなどの位置そのものを用いたサービスや，食事をしたいときに近くにどのような店があるのか，近くに友人がいるのかなどがわかるようになっている。これに時刻の情報を組み合わせれば，ランチタイムの営業をしている店だけに絞るとか，タイムサービスを実施している店がわかるなど，より便利になる。もちろん，現在地から店までのナビゲーションもできる。

現在実用化されているサービスは以上のようなレベルにとどまっているが，個人の性別や年齢，職業などとともに，スケジュールがわかっていれば，先回りしたサービスを展開できる。スケジュールやアドレス帳はクラウドサービスを利用する人が増えているため，適切な方法でアクセスすれば取得することができる。

例えば，会社帰りに女性の同僚どうしでレストランで誕生会を開くことになっているとしよう。スケジュールに適切な登録があれば，何時に会社を出ればよいか，あらかじめコンピュータが教えてくれる。その際，どの電車を乗り継ぐと，レストランの最寄り駅に行けるかもわかるし，駅からのナビゲーションも可能だろう。スケジュール帳にプレゼントの購入も予定として含まれていれば，それを考慮に含めた出発時間が知らされるだろう。予定のルートを途中下車して買物をする際には，アドレス帳のデータから，プレゼントを贈る相手

の年齢がわかり，ふさわしいプレゼントを扱っている周辺の店が地図上に示されるだろう。趣味などの情報もわかっていればそれを活用することもできるだろう。

このようなサービスは PC，タブレット，スマートフォンと，使用する機器が時間とともに変化しても継続的に（**シームレス**に）提供されるだろう。また，電車が遅れるなどの事態についても状況の変化に追随してサービス内容を修正してサービスが続けられるだろう。このようなことができるためには，いつでもどこでもインターネット経由で情報が得られ，上記の例でいえば，地図情報，交通手段の案内，スケジュール管理，アドレス帳のデータ管理などの個々のサービスにアクセスして情報を引出すとともに，ユーザの現在の位置や状況などを把握して統合的な処理が行える必要がある。

現在はこれらの部分的な組合せをユーザの能動的な操作により利用しているが，PC やスマートフォンなどの携帯機器が積極的に「状況」の把握を行い先回りをして処理するようになれば，より効率のよい仕事，より便利で快適な生活が可能となるだろう。ただし状況の把握はプライバシーの問題をはらんでいる。プライバシー情報については適切な取り扱い方を定めていく必要がある。

11.2　IC カードと RFID

11.2.1　IC カ ー ド

IC カードはクレジットカードと同等の大きさのカードの中に，IC チップを封入し，**カードリーダ**と呼ばれる装置との間で通信を行って処理を進めるカードである。この際，カードとリーダ装置とを接触させることで電気的な情報交換を行う接触型と，ごく近接させるだけで，触れていなくても無線で通信できる非接触型がある。登場当時は接触型が多かったが，現在では**非接触型**が広く普及している。IC チップとは具体的にはメモリと CPU である。

おもな用途はクレジットカードやキャッシュカード，カードキー，鉄道などの交通機関の乗車券，ID カード，プリペイド（チャージ）式の電子マネーカードなどである。なかでも交通機関の乗車券は金額を券売機などで事前チャージ

して使用するプリペイドカードになっており，都市圏で普及している。加えて，これを駅内の商業施設での小額の支払いにも使用できるようにしたことで普及が進んだ。鉄道事業者はそれぞれにあるいは連合してこのタイプの IC カードを発行しているが，通信規格がほぼ同一であり，相互利用できる場合が多い。バスでも利用できる地域もある。

　非接触型のカードはリーダ装置までの距離に応じて密着，近接，近傍，遠隔の 4 種類に分けられる。最近，最も普及している近接型はリーダ装置に 1〜2 cm 程度の距離まで近づけるだけで通信できる。もちろんリーダ装置に接触させてもよいが，電気的な接触が発生するわけではない。通信のためのアンテナはカード内に封入されており，リーダ側からの電波による電磁誘導を用いてカード内で電気を発生させて処理を行うため，電池は不要である。

　このような近接型の処理を行うための近距離無線通信規格はいくつかあり，**NFC**（near field communication）は代表的な国際標準規格で 13.56 MHz の電波を用いる。厳密にはカードの規格と通信方式の規格は区別されているが，NFC には，Type A，Type B，**FeliCa**（Type F）がある。Suica などの IC 乗車券として広く普及しているのは SONY が開発した FeliCa である。FeliCa はチップとして多くのスマートフォンや一部のスマートウォッチにも内蔵され，これらを IC 乗車券や小額決裁手段などとして使用できるようになっている。IC 乗車券（定期券）の機能を持ったカードを学生証や社員証，玄関の鍵として利用している場合もある。また，同じチップを用いた決裁専用のサービスとして **Edy** がある。WAON や nanaco などの流通系の**電子マネー**も FeliCa を用いている。

　IC カードにはこのほかに住民基本台帳カード（マイナンバーカードに置き換え），パスポート，運転免許証（以上 Type B），自動販売機でタバコを購入する際に必要な taspo（Type A，2026 年 3 月で終了予定），スマートフォンの **SIM** カードやデジタル放送受信器用の B-CAS カード，高速道路料金支払用の ETC カードなどがある。また，NFC は決済以外にも Android スマートフォン同士の近距離通信の認証や Apple の AirTag の機能の一部としても利用されている。

11.2.2 RFID

RFID（radio frequency identification）とは無線電波を使った ID タグである。**IC タグ**と呼ばれ，物品管理や流通に用いられている。RFID にも近接型と遠隔型のものがあり，近接型の RFID は個別の ID をあらかじめメモリに記憶させたチップをシール状などさまざまな形で物品に貼り付けて使用する。近接型は IC カードと同等の仕組みで電池を持たせることができず，自ら情報を発信することはできないため，**パッシブタグ**とも呼ばれる。大量に製造できるタイプでは使い捨てにすることが多い。ID や情報の読取りには**リーダ**を用いる。リーダにはハンディタイプのものなどさまざまなものがある。例えば，図書館において各図書に RFID を貼付しておけば，その読取りによって貸出や返却の処理が簡単に行える。また，書架における図書の管理にも使うことができる。スーパーマーケットで扱う生鮮食料品（のパッケージなど）に貼付しておけば，生産の場所，日付，生産者などを確認することもできる。

RFID は大量生産で，すでにかなりの低コストになっているが，普及して積極的に利用されているとは言い難い。RFID の読み取りによって，レジでの清算が簡単化されるなど期待が大きかったが，当初は複数の RFID を一度に読み取ることができなかったこと（現在は解決），タグそのものには ID の情報しかないため，生産者情報などは ID と結び付けられたデータベースを参照することになり，その登録・管理コストなどがあまり下がっていないことなどから普及が妨げられていた。しかし，近年ではそれらのコストが下がり，導入に見合うと判断され，図書館での図書管理などに大規模に導入される例が出てきた。

一方，遠隔型の RFID は長辺 3〜4 cm，厚さ 6〜7 mm 程度とやや大型で，小型電池を内蔵しており，自ら電波を発するため，**アクティブタグ**と呼ばれる。通信の相手は受信器で数 m 〜数十 m の距離で通信できる。アクティブタグを携帯した人や内包した荷物が受信器に電波が届く受信エリアに入ると，それ検知できることから，位置情報サービスや**センサネットワーク**への応用が期待されたが，大型のイベントで実験的な利用が試みられただけで，実用にはなっていない。この分野では代わりに Bluetooth（**BLE**）の利用が始まっている。

11.3   P2P

P2Pは peer to peer の省略表記である。peer（ピア）とは同類，対等の相手のことを意味する。ネットワークでの**分散処理方式**としてはクライアント・サーバ型がよく用いられるが，クライアント・サーバ型では，サーバはサーバ，クライアントはクライアントの役割が固定しているのに対して，P2Pでは役割が固定していないのが特徴である。情報の伝達の際には，あるときには送信側となり，あるときには受信側となる。その時々だけを見れば，どちらかがサーバのように見えるが，役割は固定されていない。

クライアント・サーバ型では，ごく少数のサーバに対してたくさんのクライアントが接続することが多い。このような形態ではサーバの稼働するコンピュータの負荷が高まり，また，そこへのネットワークも混雑するため，アクセスの集中に弱い。一方，P2Pでは**バケツリレー**的にデータを受け渡していくため，1か所が混雑することが少なく，一般的に大規模化が容易である。また，役割が固定していないため，耐故障性にも優れているといえる。例えば，クライアント・サーバ型ではサーバ機が故障するとダメージが大きいが，P2Pではサービスやコンテンツのコピーが多数あるため，それらに接続すればよい。

P2Pにはそのモデルどおりに純粋に対等なピアどうしの通信を実現する**ピュアP2P**と，実際にはサービスやデータを提供するコンピュータのリストを参照してから通信を行う**ハイブリッドP2P**がある。ピュアP2Pではリスト自体も分散して保持され，その参照もP2Pで行われる。P2Pではピアは一般ユーザのPCでもよいため，つねに稼働しているとは限らない。そこで，いくつかのサービスではサービス事業者がインデックス用のコンピュータを常時稼働させているものもある。P2Pを利用したファイル共有ソフトウェアの一部が違法なデータ共有に使用されたため，P2Pはイメージを悪くしてしまった面があるが，本来は優れた特徴を持つ技術である。現在ではオープンソースソフトウェアの配布や，インターネットを介した無料通話，動画のストリーミング配信など，さまざまなソフトウェアにP2Pを用いているものがある。

11.4 IoT／CPS, ビッグデータ

11.4.1 IoT と CPS

IoT（internet of things）はコンピュータ以外のモノがインターネットに接続され, 情報が集められたり, モノどうしで情報交換が行われたり, あるいは制御されたりする状況を指す言葉である。当初はコンピュータどうしをつなぐものとして発展してきたインターネットに, それ以外のモノがつながるようになってきた。例えば, 家電製品や自動車がインターネットにつながる, スマートスピーカーを使う, 屋外のスマートフォンから自宅のカーテンを閉めたり, 電灯をつけたり, 室内のカメラでペットの様子を見る, あるいはドアの施錠の状態を確認したりするなどのことができるようになってきた。電力メータがインターネットにつながり, データが自動的に読み取れるようになったことで電気使用状況の可視化も可能になった。このように個人宅の設備や家電がインターネットにつながることで便利で快適, 省エネルギーな生活を目指すしくみはスマートホーム技術と呼ばれる。

産業分野では, **センサ**と**アクチュエータ**（駆動装置）を用いて, 自動化, 効率化が進められている。農業では温度や日照の状況, 土中の水分量などをセンサで計測し, それをインターネット上のサーバに送って処理することで, 必要な処置, 例えば, 散水やビニールハウスの窓を開けるなどの制御を自動的に行う。工場では装置の状況や, 空調などの環境の状況, 人の立ち入りなどをセンサで検出し, 故障や異常, 危険を早期に発見したり, 部品交換のタイミングを判断したりする。観測や情報の取得としては, 例えば, 一定の大きさに地表を区画して雨量計や風速計などを設置し, その情報を定期的に集めて天気予報に活用している。また, 火山活動に伴う地表の動きを計測したり, がけや造成地の「のり面」の動き, 河川の水量を監視したりするなどの活用も行われている。自動車がインターネットにつながると, 自動車の各部の状況を把握してメンテナンスに役立てるだけでなく, 交通の情報を得てルート探索に活用するなどの延長として, 自動運転につなげることも可能になる。

　これらのことを実現するには，センサや中継装置などを相互に接続しインターネットにつなげるための無線技術や，屋外で長期にわたって電池駆動をするための省電力技術，環境発電技術等が必要になる。このため省電力の専用の通信方式や専用プロトコルが必要となる。これを**センサネットワーク**と呼ぶ。インターネットへの接続は中継コンピュータを**ゲートウェイ**として行うが，その際にはWi-Fiや5Gなどの携帯電話網を活用する。8章で述べたクラウドサービスにはIoT向けのサービスもさまざまなものが用意されており，データの収集，分析，**可視化**などが可能である。8.6節で紹介したmicro:bitやRaspberry Piなどが研究・開発によく用いられている。

　IoTがどちらかといえばインターネットへの接続を中心に考えているのに対し，活用法を中心に考えるしくみは**CPS**（cyber-physical system）と呼ばれる。CPSでは現実世界（physical）の状況を把握してそれをインターネット上（cyber）で解析してどのように現実世界に反映させるかに着目する。ただ，2021年時点ではCPSはIoTほど一般に知られた用語ではなく，また，IoTという用語が指す範囲も話者や文献，文脈により幅が広いため，あまり区別されずに用いられることも多い。本章冒頭で挙げたユビキタスコンピューティングとも重なりが多くその延長と見ることもできる。

11.4.2　ビッグデータとデータサイエンス

　デジタル化が進み，情報をインターネットを通じて集約しやすくなった現在では，あらゆる情報はデータ化され蓄積分析され活用される。その対象は，前項で述べたセンサが発する膨大な情報や，ICカード，RFIDの情報，GPSによる位置情報，コンビニやスーパーのレジの情報，交通の情報，インターネット上の個人行動情報（ECサイトの利用や，どのサイトを見たか，どのような情報発信をしたかなど）を含む。医療に関するデータも適切なプライバシー保護を加えればさまざまな分析に活用できる。これらは非常に大量の情報であり，**ビッグデータ**と呼ばれている。ビッグデータではデータの量（volume）が大きいだけでなく，種類（variety）が非常に多様で，発生や更新の頻度が高い

（velocity）。この三つの V がビッグデータを特徴づけているが，近年ではこれ
に，データの正確さ（真実性，veracity）を加えて**4つの V** と表現することや，
さらに価値（value），倫理観（virtue）を含めるという考え方も広がってきて
いる。IT システムとしては莫大な量のデータの分散処理が可能な，
MapReduce や分散ファイルシステムの **HDFS** などの技術が 2000 年代中頃に
登場し，それを実装した **Hadoop** などのソフトウェアも開発された。これらの
処理技術は各社のクラウドサービスのメニューにも取り入れられており，ビッ
グデータを活用したい企業や組織などが利用している。クラウドサービスのメ
ニューには IoT 関連のサービスや後述する AI のサービスも用意されているた
め，利用者はこれらを組み合わせて柔軟な処理や分析を行うことができる。

　データを分析し活用する包括的な取組みに関する学問は**データサイエンス**と
呼ばれ，数学や統計学，データベース，可視化，AI などの知識を活用し，課
題を解決したり，新たなビジネスを生み出す人材を**データサイエンティスト**と
いう。データの価値が高まっている現代では，データサイエンティストは非常
に重要な人材と認識され，ニーズが高く，その養成が急がれている。

11.5　人工知能（AI）

　人工知能（artificial intelligence，**AI**）は人間の知能をコンピュータなどの機
械により実現する概念や技術であるが，立場や見方によりさまざまな定義付け
が可能で不明確である。現在のところ，人工知能は SF 小説や映画に登場する
ような万能のもの（**汎用 AI**）ではない。しかし，部分的には人間の能力を超
えるさまざまな技術が実用化されている（**特化型 AI**）。AI に関する研究は
1950 年代に始まり，おおむねこれまでに 1960 年代，1980 ～ 1990 年代，そし
て 2010 年代以降の現在の三つのブームがあったとされている。ここでのブー
ムとは研究や開発が盛んに行われている時期のことであり，一般的には一過性
のものである。しかし，現在の第 3 次ブームはブームというより応用・実用化
がすすめられ技術が定着する普及期であると考えられる。第 1 次のブームでは

コンピュータにより**推論**や**探索**を行う手法が開発された。第2次のブームでは**知識の表現**が研究され，推論と組み合わせた**エキスパートシステム**が開発された。第3次ブームではビッグデータを用いて AI が**知識を獲得**する**機械学習**が発展し，**特徴量**を AI 自身が見つけ出す**深層学習（ディープラーニング）**が登場した。この技術により，AI が囲碁やチェスなどで人間の世界チャンピオンを破る事例が報道され，再び AI が注目されるようになった。音声認識や翻訳などは精度が上がり，身近に利用されている。

人間の脳の機能をモデル化した**ニューラルネットワーク**は第1次のブームの頃に開発され，第2次ブーム以降も研究が続けられてきた。それが発展したものが深層学習である。コンピュータの能力が向上し，深層学習に用いられる反復計算の処理に，本来，CG 表示や画像処理を高速に行う **GPU**（graphics processing unit）が高い能力を持っていることを利用した手法が定着することで処理時間が短縮され，さまざまな応用分野への現実的な活用が可能となった。

人工知能の応用分野は音声認識，画像（動画）認識や抽出・検出，異常検知，言語の解析，分類や分割，予測，レコメンデーション，自動翻訳，音声合成，文章生成，曲や絵画などの生成，最適化，自動運転など，多岐にわたっており，それぞれに適した技術がある。機械学習，深層学習のプログラミングにはデータサイエンス系のライブラリが充実している **Python** が用いられることが多い。また，目的に合った技術をクラウドサービス上のメニューから選び利用することで，専門知識を持たない人がプログラムを作成することなく AI を活用できる環境が整ってきている。一方，コンピュータや装置の中の人工知能だけでなく，動物やヒト型のロボットへの適用も進められている。人工知能のトピックは豊富であり，本書ではこれ以上取り上げることはできない。各種の技術やアルゴリズムなどについてはほかの良書を参考にされたい。

11.6 ブロックチェーンと暗号資産

ブロックチェーンは 2008 年頃に発明された比較的新しい技術である。しか

し，その構成要素となっている個々の技術は既存のものであり，組み合わせ方が新しいといえる。同一のデータをインターネット上の多数の参加者（コンピュータ）に分散して保持し，中央集権的な管理者は存在しない。改ざんはきわめて困難である。**ハッシュ値**や**公開鍵暗号**による**電子署名**などの暗号技術が用いられており，通信はP2Pで行う。もともと**暗号資産**（仮想通貨）の**ビットコイン**を実現するしくみとして考えられたものであるため，「取引」やその「台帳」で説明されることが多い。取引は「ブロック」という単位で記録され，これが一定時間ごとに時系列にチェーン状に連結された形で保持される。保持されたブロック情報は多数の参加者で共有（同じものを持つ）される。チェーンがつながるときには前のブロックのハッシュ値がつぎのブロック内に保持される。すなわち，ハッシュ値自体がブロックのデータの一部となっているため，過去の取引のすべてがハッシュ値として記録されていることになる。多くの参加者が同じものを持っているため，ある取引を取り消したり改ざんしようとすると，それ以降のブロックのハッシュ計算をすべてやり直すことになる。また，中央集権的な管理者がいない状態で多くの参加者が同じものを持つ状態を維持していくためには，チェーンの維持管理に合意が必要である。これを形成する方法を**コンセンサスアルゴリズム**と呼ぶ。ビットコインの場合はこのために **Proof of Work** というしくみがある。ブロック内に取引の情報や一つ前のブロックのハッシュ値のほかに，**ナンス値**と呼ばれる値を含めることとし，このナンス値をも含むブロックのハッシュ値が，決められた一定範囲内に収まるようなナンス値を見つけた者が新たなブロックを追加することができる。ハッシュ値の算出は一方向の計算であり，適切なナンス値を見つけるためにはナンス値を変えながらハッシュ計算を何度も試みる必要がある。この作業を**マイニング**と呼ぶ。マイニングは膨大な計算となるため，大量のコンピュータが必要である。最初に適切なナンス値を見つけた者が取引を認証し，ブロックを追加することができる。その貢献に対し一定の報酬が支払われる。このため，参加者の間で熾烈な競争が行われる。そして，もし取引の改ざんをしようとすると，マイニングごとやり直すことになり，コストに見合わない。また，競争

原理が働くため参加者が結託して不正が行われる可能性は低い。このことから改ざんはきわめて難しく，事実上不可能であるとされている。

　ブロックチェーンの技術はビットコインをはじめとした暗号資産だけではなく，地域通貨の実現や，現在は役所で行われている登記や登録，透明性の高いサプライチェーン，契約の効率化などの応用が見込まれている。

11.7　量子コンピュータ

　量子コンピュータは重ね合わせや量子もつれなどの量子力学の現象を利用して大規模な並列計算を目指す，現在広く使われている**ノイマン型**のコンピュータとはまったく異なるタイプのコンピュータである。従来のコンピュータでは膨大な時間がかかる計算を短時間で済ませられる可能性がある。このことは産業応用の面でメリットが大きく注目される一方，計算が困難で現実的な時間内に結果が得られないことを利用した暗号アルゴリズムなどが無効になってしまう恐れがある。ただし，これらが現実のこととなるのはまだまだ先のことと考えられる。量子コンピュータは基礎理論が 1980 年代から構築されてきたものの，実現が難しく，研究が続けられている。しかし，2010 年代にはいくつかの企業が製品やサービスとしての量子コンピュータを発売して利用が始まっており，研究と実用化が同時に進む状況となっている。

　量子コンピュータは**量子ビット**を用いて計算を行う。量子もつれや重ね合わせの性質を利用すると，量子ビットを 1 増やすごとに計算できる組合せが倍になるため，例えば 10 量子ビットでは 1 024 の計算を同時に一度に実行できる。これを従来のコンピュータで実行しようとすると，1 024 回の計算を繰り返すことになる。しかし，量子ビット数を増やしたり，量子の性質を安定させるのが難しく，実用化の壁となっている。量子コンピュータの計算方式には**量子ゲート方式**と**量子アニーリング方式**という大きな二つの方式があり，それぞれ研究と実用化が進められている。量子ゲート方式は解こうとする問題を量子ゲート（量子ビットに対しての操作を定義したもの）回路と呼ばれる形で表現

する。回路を作成する**量子アルゴリズム**が重要である。汎用性があるので主流の方式として期待されている。一方，量子アニーリング方式は解くべき問題を数式化し，**組合せ最適化問題**に適した**アニーリング**（焼きなまし）というアルゴリズムで計算を行う。このため，解ける問題は組合せ最適化問題に限定される。両方式とも**超電導**を用いて量子の状態を維持している。

　世界で初めて販売された量子コンピュータは 2011 年のカナダの D-Wave Systems のもので量子アニーリング方式であった。2016 年には IBM が量子ゲート方式のコンピュータをクラウドサービスとして提供を始めた。2019 年には Google が量子ゲート方式により，53 量子ビットの量子プロセッサを用いて，特定の問題について従来のスーパーコンピュータよりはるかに速く計算ができることを研究発表した。ただし，この研究で与えた問題は，量子コンピュータに適しており，逆に従来型のコンピュータにはまったく適さないものであった。2020 年には D-Wave Systems が量子アニーリング方式の Advantage という新しいシステムを発売しクラウド経由で利用可能になっている。2021 年 7 月には日本にも 27 量子ビットプロセッサを用いた IBM 製の量子コンピュータが設置され（川崎市，世界で 3 か所目），東京大学を中心に研究のための共同利用が始まった。この量子コンピュータは量子ゲート方式で，ノイズに対応する機能を持たず理想的なものではないが，そのような環境でどのようにアプリケーションを実行するのがよいのかを検証することが研究目的の一つとされている。このように量子コンピュータの実用化は始まってはいるものの，応用範囲はきわめて限定的で想定されているような活用は当面難しいと考えられる。

　なお，日本においては大学や研究機関，企業により量子コンピュータの研究開発が進められている。2021 年 4 月には理化学研究所内に量子コンピュータ研究センターが開設され，研究の促進が図られている。NEC は 1999 年に量子ビットを世界で初めて実現し，量子アニーリング型の量子コンピュータの開発を進めている。中国も量子コンピュータの研究を進めており，実用的に使える量子コンピュータの実現に向けた世界的な競争が行われている。

引用・参考文献

1章

1) 柿本正憲，大淵康成，進藤美希，三上浩司：改訂メディア学入門（メディア学大系 1），コロナ社（2020）

2章

1) 橋本洋志，松永俊雄，小林裕之，天野直紀，中後大輔：図解コンピュータ概論 —ハードウェア—改訂 4 版，オーム社（2018）
2) 橋本洋志，冨永和人，松永俊雄，菊池浩明，横田　祥：図解コンピュータ概論 —ソフトウェア・通信ネットワーク—改訂 4 版，オーム社（2018）
3) D. A. Patterson, J. L. Hennessy 著，成田光彰 訳：コンピュータの構成と設計 第 6 版（上）（下）—ハードウエアとソフトウエアのインタフェース—，日経 BP 社（2021）
4) J. L. Hennessy, D. A. Patterson 著，中條拓伯，天野英晴，鈴木　貢 訳：コンピュータアーキテクチャ —定量的アプローチ—第 6 版，星雲社（2019）

3章

1) 井上直也，村山公保，竹下隆史，荒井　透，苅田幸雄：マスタリング TCP／IP —入門編—第 6 版，オーム社（2019）
2) W.R. Stevens 著，橘　康雄，井上尚司 訳：詳解 TCP／IP —Vol.1 プロトコル —新装版，ピアソン・エデュケーション（2000）
3) 戸根　勤：ネットワークの考え方 —ルータとスイッチは何が違う？—，オーム社（2006）
4) 戸根　勤：ネットワークはなぜつながるのか —知っておきたい TCP／IP，LAN，光ファイバの基礎知識—第 2 版，日経 BP 社（2007）
5) R. Malhotra 著，清水 奨 訳：入門 IP ルーティング，オライリー・ジャパン（2002）

4章

1) 嶋本　正，柿木　彰，西本　進，野間克司，野上　忍，亀倉　龍，松本　健，福原信貴：Web サービス完全構築ガイド —XML，SOAP，UDDI，WSDL による先進 Web システムの設計・実装—，日経 BP 社（2001）
2) David Wood 著，佐々木雅之，澤野弘幸，千葉　猛，鄭　隆幸，日比野洋克，平塚伸世，渡部直明 監訳，大川佳織 訳：電子メールプロトコル —基本・実装・運用—，オライリー・ジャパン（2000）

5章

1) パナソニックモバイルコミュニケーションズ株式会社技術研修所 編：携帯電話の不思議 ―そのカラクリを解く―，SCC（2005）

6章

1) 桜丘製作所株式会社，イケダハヤト，三橋ゆか里，川田智明：ソーシャルコマース ―業界キーマン 12 人が語る，ソーシャルメディア時代のショッピングと企業戦略―，マイナビ（2011）
2) 高橋暁子：Facebook ＋ Twitter 販促の教科書，翔泳社（2012）

7章

1) 笠井登志男：何でも見つかる検索の極意，技術評論社（2005）
2) 西田圭介：Google を支える技術 ―巨大システムの内側の世界―，技術評論社（2008）
3) 海外&国内 SEO 情報ウォッチ：https://webtan.impress.co.jp/1/3723

8章

1) 長谷川裕行：考え方を考える ―アルゴリズム千夜一夜―，翔泳社（2001）
2) 高橋麻奈：やさしいプログラミング，ソフトバンククリエイティブ（2006）
3) S. Zakhour, S. Hommel, J. Royal, I. Rabinovitch, T. Risser, M. Hoeber 著，安藤慶一 訳：Java チュートリアル 第 4 版，ピアソン・エデュケーション（2007）

9章

1) Alan Beaulieu 著，株式会社クイープ 訳：初めての SQL 第 3 版，オライリージャパン（2021）
2) 池田　実，小野寺尚希：まるごと図解 最新 XML がわかる，技術評論社（2000）
3) David Chisnall，日本仮想化技術（株）監訳，渡邉了介 訳：仮想化技術 Xen ―概念と内部構造―，毎日コミュニケーションズ（2008）

10章

1) 情報処理推進機構：情報セキュリティ読本 ― IT 時代の危機管理入門―五訂版，実教出版（2018）

11章

1) 株式会社アイデミー，山口達輝，松田洋之：図解即戦力 機械学習＆ディープラーニングのしくみと技術がこれ 1 冊でしっかりわかる教科書，技術評論社（2019）

―― 著 者 略 歴 ――

寺澤　卓也（てらさわ　たくや）
1989 年　慶應義塾大学理工学部電気工学科卒業
1991 年　慶應義塾大学大学院理工学研究科修士
　　　　　課程修了（計算機科学専攻）
1994 年　慶應義塾大学大学院理工学研究科博士
　　　　　課程単位取得満期退学
1994 年　東京工科大学講師
1996 年　博士（工学）（慶應義塾大学）
2001 年　東京工科大学助教授
2007 年　東京工科大学准教授
2019 年　東京工科大学教授
　　　　　現在に至る

藤澤　公也（ふじさわ　きみや）
1994 年　慶應義塾大学環境情報学部環境情報
　　　　　学科卒業
1996 年　慶應義塾大学大学院政策・メディア
　　　　　研究科修士課程修了
　　　　　（政策・メディア専攻）
1999 年　東京工科大学講師
　　　　　現在に至る
2002 年　慶應義塾大学大学院政策・メディア
　　　　　研究科博士課程退学
2005 年　博士（政策・メディア）（慶應義塾大学）

メディア ICT（改訂版）
Media ICT（Revised Edition）　　　　ⓒ Takuya Terasawa, Kimiya Fujisawa 2013, 2022

2013 年 10 月 2 日　初版第 1 刷発行
2022 年 3 月 15 日　初版第 5 刷発行（改訂版）

検印省略	著　者	寺　澤　卓　也
		藤　澤　公　也
	発 行 者	株式会社　コ　ロ　ナ　社
	代 表 者	牛 来 真 也
	印 刷 所	萩 原 印 刷 株 式 会 社
	製 本 所	有限会社　愛千製本所

112-0011　東京都文京区千石 4-46-10
発 行 所　株式会社 コ ロ ナ 社
CORONA PUBLISHING CO., LTD.
Tokyo Japan
振替 00140-8-14844・電話（03）3941-3131（代）
ホームページ https://www.coronasha.co.jp

ISBN 978-4-339-02791-4　C3355　Printed in Japan　　　　　（松岡）